# 北京市共青林场
# 常见物种资源图谱

律　江　姚　飞　邢长山　徐小军　石　云　李　彬◎主编

中国林业出版社
China Forestry Publishing House

**图书在版编目(CIP)数据**

北京市共青林场常见物种资源图谱 / 律江等主编. -- 北京：中国林业出版社, 2023.12

ISBN 978-7-5219-2257-8

Ⅰ. ①北… Ⅱ. ①律… Ⅲ. ①物种－种质资源－北京－图谱 Ⅳ. ①Q-92

中国国家版本馆CIP数据核字(2023)第126496号

责任编辑：于界芬　李丽菁

---

出版发行：中国林业出版社

（100009，北京市西城区刘海胡同7号，电话010-83143542）

电子邮箱：cfphzbs@163.com

网址：www.forestry.gov.cn/lycb.html

印刷：北京博海升彩色印刷有限公司

版次：2023年12月第1版

印次：2023年12月第1次印刷

开本：787mm×1092mm　1 / 16

印张：29.5

字数：578千字

定价：178.00元

北京市共青林场常见物种资源图谱

# 编委会

# 前言

北京市共青林场（以下简称林场）位于北京市顺义区潮白河两岸，地处于燕山南麓、华北大平原北部边缘，平均海拔30m，坐标为北纬40°1′～40°16′、东经116°40′～116°46′。气候属暖温带半湿润大陆性季风气候，四季分明。年平均气温11.7℃，年平均降水量500～700mm，年平均蒸发量近2000mm，年平均相对湿度57%，年平均日照时数2771h。土壤主要为沙土，有机质含量较低，pH值在7～8之间。

1959年11月1日，时任共青团中央第一书记胡耀邦同志来到潮白河畔，带领上万名共青团员和青少年开展植树造林，并亲笔题写“共青林场”场名。1962年，林场正式建立，现为北京市园林绿化局直属国有林场，管理单位为北京市共青林场管理处。

经过半个多世纪的建设，林场从荒滩成长为绿洲，现经营总面积15047亩，森林覆盖率75.16%。林场拥河而立、林水相依，不仅植物种类逐年增加，各种大型真菌、节肢动物、软体动物、两栖动物、爬行动物、鸟类、哺乳动物等也相继在此安家，生物多样性越来越丰富。

随着生态文明不断进步，人们越来越愿意了解自然、亲近自然、保护自然。出版《北京市共青林场常见物种资源图谱》可以方便人们更好

地了解共青林场的物种资源，鼓励人们更积极地参与生态文明建设。截至目前，我们已调查林场物种229科534种，拍摄照片8500余张。本书共收录物种184科432种（含品种、变种等），展示照片共1464张，其中维管束植物62科172种、节肢动物67科162种、脊椎动物41科76种、大型真菌14科22种。每个物种均配有彩色照片，并有形态特征、生理习性等文字介绍，少量照片由林场外专家提供（有单独署名），其余照片均由林场职工调查拍摄。

本书在物种鉴定、照片补充、图册编辑的过程中，得到了北京市农林科学院研究员虞国跃、中国科学院植物研究所高级工程师林秦文、国家标本资源共享平台主任助理肖翠、北京林业大学教授贺伟、北京市野生动物救护中心工作人员奥丹珠拉的大力帮助，在此对各位老师的辛苦付出表示诚挚感谢。

由于编者水平有限，书中难免有疏漏之处，敬请读者批评指正。

编者

2023年12月

# 编者说明

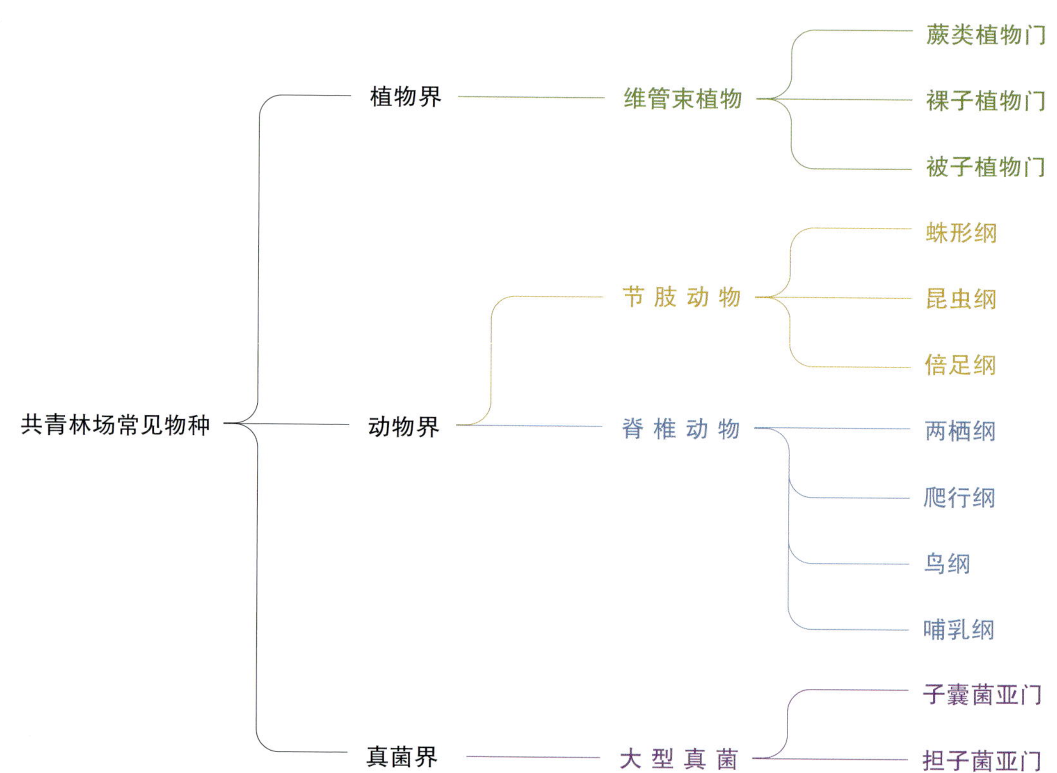


本书分为维管束植物、节肢动物、脊椎动物、大型真菌四个篇章。大部分是按照生产者、初级消费者、次级消费者、分解者的顺序编排。篇内按照从低等到高等原则排序。

其中维管束植物中的蕨类植物参考秦仁昌系统，裸子植物参考郑万钧系统，被子植物参考 Engler 系统，物种排序参考《北京植物志》（贺士元等，1984）。

节肢动物和脊椎动物总体参考 COL_China2010 动物界分类系统，其中昆虫纲参考《普通昆虫学》（彩万志等，2011）排序，鳞翅目参考《北京蛾类图谱》（虞国跃，2016）排序，科内各种以学名首字母排序。

分科定位
分目定位
中文名
学　名
书名
篇定位

北京市共青林场常见物种资源图谱

中华卷柏
*Selaginella sinensis*

节节草
*Equisetum ramosissimum*

文字描述
照片

大型真菌参考Ainsworth分类系统，排序参考《中国大型真菌原色图鉴》（黄年来，1998）。

每个物种配彩色照片，显示其全貌和主要特征，文字描述内容包括形态特征、生理习性等方面。在书页侧有篇定位、分目定位和分科定位的色块，便于快速查询目标物种。

# 目 录



## 1 第一篇 维管束植物

## 第二篇 节肢动物

## 3 第三篇 脊椎动物

# 4 第四篇 大型真菌

1

第一篇

# 维管束植物

维管束植物是具有维管系统的植物类群，包括蕨类植物、裸子植物和被子植物。

维管系统起到运输水分、无机盐和有机质，并兼具支持植物体的作用，从而使植物摆脱了对水环境的高度依赖，是植物适应陆生生活的产物。

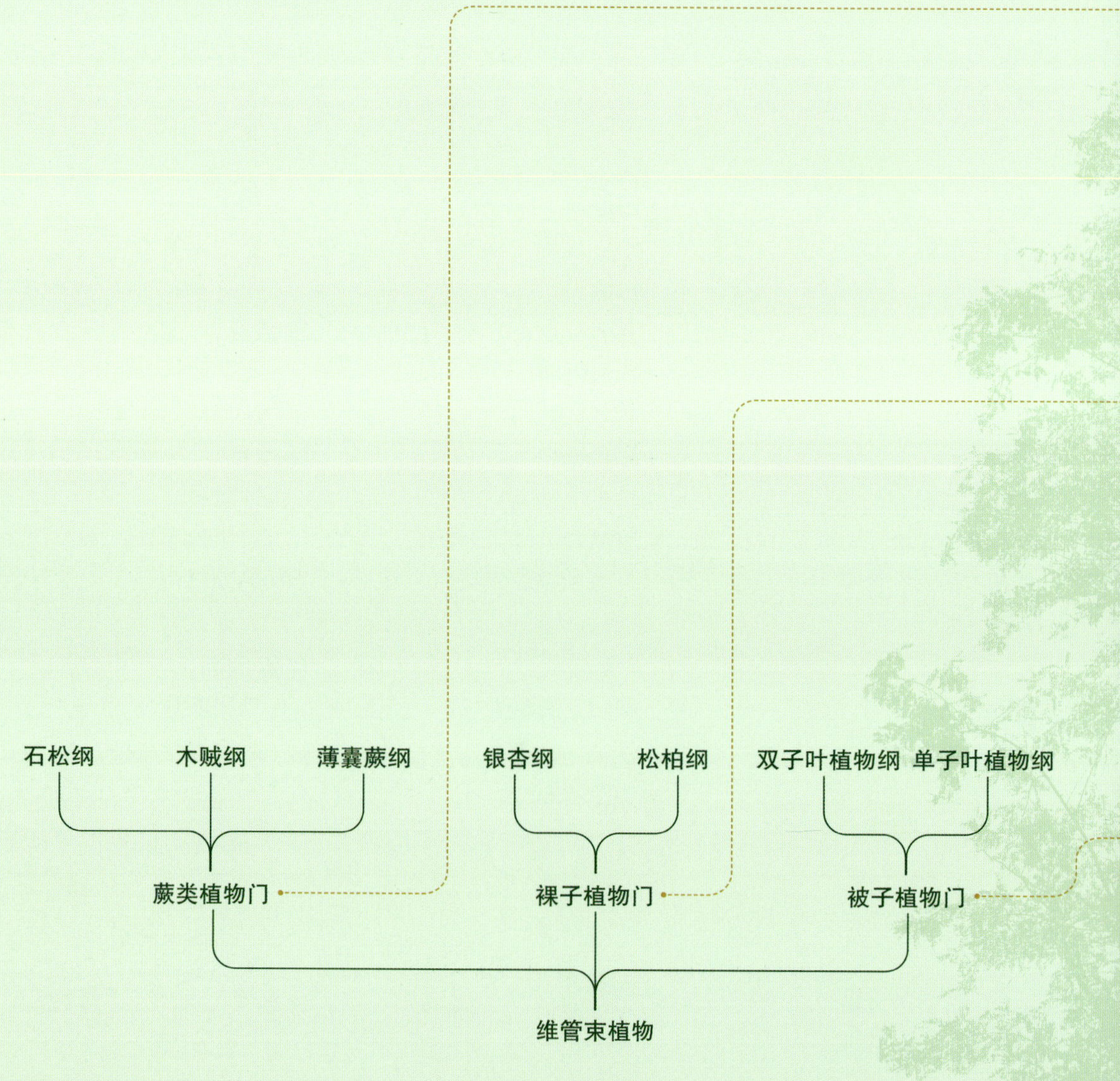

蕨类植物是最古老的陆生植物，也是具维管组织植物中的较低等植物，具根、茎、叶。叶子通常为羽状复叶，可以进行光合作用。不开花结籽，以孢子繁殖。蕨类植物可以生长在林地、沼泽地、山地和岩石表面等，有助于土壤保持和水源保护，在地球上发挥着重要的生态作用。

裸子植物是指种子裸露在外没有果皮包被的植物，在进化程度上高于蕨类植物、低于被子植物。多为多年生木本，叶多为线形、针形或鳞形，是地球上最早用种子进行有性繁殖的植物。裸子植物分布广泛，虽然科、属、种数远比被子植物少，但覆盖面积却大致相等，尤其在高纬度及高海拔气候温凉至寒冷的地区，它们发挥着重要的生态作用。

被子植物是指种子由果皮来保护的植物，是植物界进化最高级、种类最多、分布最广、适应性最强的类群。花是被子植物区别于其他类群的显著特征，也是繁殖后代的重要器官。被子植物的习性、形态和大小差别很大，物种多样化程度最高，是陆地植被的主要组成成分，在生态系统中发挥着至关重要的作用，也是本篇主要介绍的类群。

# 中华卷柏

*Selaginella sinensis*

**形态特征** 多年生草本，植株匍匐，长15～45cm。主茎通体羽状分枝，无关节，禾秆色，圆柱状，光滑无毛。叶全部交互排列，纸质，表面光滑；茎下部叶卵状椭圆形，基部近心形，钝尖，全缘，贴服于茎，疏生；中部叶长卵形，钝尖头，基部阔楔形，排列紧密；上部叶二型，四裂，侧叶长圆形或长卵形，略上斜，钝尖或有短刺，基部圆楔形，边缘膜质，有细锯齿或缘毛，干后常反卷，在枝的先端呈覆瓦状排列。孢子囊穗单生枝顶，四棱形，孢子叶卵形，边缘具睫毛，有白边，先端急尖，龙骨状；孢子囊圆肾形，只有一个大孢子囊位于孢子囊穗基部的下侧，其余均为小孢子囊。

**生理习性** 生于林下、草丛。

# 节节草

*Equisetum ramosissimum*

**形态特征** 多年生草本，高可达 60cm。根茎直立、横走或斜升，黑棕色，根疏生黄棕色长毛或无毛。地上枝多年生，绿色，主枝多在下部分枝，常形成簇生状，主枝有脊，脊的背部弧形，鞘筒狭长，下部灰绿色，上部灰棕色；侧枝较硬，圆柱状，有脊 5～8，脊平滑或有 1 行小瘤或有浅色小横纹，鞘齿 5～8，披针形，革质，边缘膜质，上部棕色，宿存。孢子囊穗短棒状或椭圆形，顶端有小尖突，无柄。

**生理习性** 生于林下阴湿处、湿地、溪边，喜阴湿的环境，有时也生于杂草地。

# 银粉背蕨

*Aleuritopteris argentea*

**形态特征** 多年生草本，高 15～30cm。根状茎直立或斜升，外被红棕色边的亮黑色披针鳞片。叶簇生，厚纸质，上面暗绿色，下面密布乳白色或乳黄色蜡质粉末；叶柄栗棕色，有光泽，基部疏生鳞片；叶片五角形，长宽几相等，先端渐尖，顶生羽片近菱形，基部裂片多少浅裂，侧生羽片三角形，以圆缺刻分开。孢子囊群较多，近边生，圆形，生于叶脉顶端，成熟时汇合成条形。

**生理习性** 常生于石砖墙缝隙中。

# 银杏

*Ginkgo biloba*

**形态特征** 落叶乔木，高可达40m。树皮灰褐色，不规则纵裂，粗糙。幼年及壮年树冠圆锥形，老树广卵形。叶在长枝上互生，短枝上3～5片成簇生状；扇形，两面淡绿色，无毛，顶端2浅裂或深裂，具多数二叉状细叶脉。花单性，雌雄异株稀同株，球花生于短枝顶端叶腋内，呈簇生状，雄球花柔荑花序状，下垂，雌球花具长梗，梗端常分两叉。种子似核果，球形或稍长。花期4～5月，种子9～10月。

**生理习性** 喜光，耐寒，耐干旱，不耐水涝，对大气污染有一定的抗性，适应性强。深根性，生长较慢，寿命可达千年以上。

# 白杆

*Picea meyeri*

**形态特征** 常绿乔木，高可达30m。树冠塔形，树皮灰褐色，呈不规则块状剥落。小枝有显著隆起的叶枕，基部有宿存的芽鳞，反卷。叶四棱状条形，横切面菱形，弯曲，端钝，四面有气孔线，螺旋状排列。雌雄同株，雄球花单生叶腋，雌球花单生顶枝。球果长圆柱形，下垂。花期4～5月，球果9～10月成熟。

**生理习性** 喜较冷凉湿润气候，幼树耐阴性较强，生长较慢。

# 华山松

*Pinus armandii*

**形态特征** 常绿乔木，高可达30m。树冠广圆锥形，树皮灰绿色，平滑或块状开裂。针叶5针一束，叶鞘早落。雌雄同株，雄球花黄色，卵状圆柱形，集生于新枝下部呈穗状，球果长圆柱形，花期4～5月，球果翌年9～10月成熟。

**生理习性** 喜光树种，但幼苗略喜一定庇荫。喜温和凉爽、湿润气候，耐寒力强，不耐炎热。能适应多种土壤，最宜深厚、湿润、疏松的中性或微酸性壤土。不耐盐碱，耐瘠薄能力不如油松、白皮松。

# 白皮松

*Pinus bungeana*

**形态特征** 常绿乔木，高可达30m。幼树树皮光滑，灰绿色，长大后树皮呈不规则的薄块片脱落，露出淡黄绿色的新皮，老则树皮呈淡褐灰色或灰白色。针叶3针一束。雌雄同株，雄球花卵圆形或椭圆形，多聚生；雌球花单生，初直立，后下垂，卵圆形或圆锥状卵圆形，有短梗或几无梗。花期4～5月，球果翌年10～11月成熟。

**生理习性** 喜光，耐瘠薄，较耐干冷，在气候温凉、土层深厚、肥润的钙质土和黄土上生长良好。

# 油松

*Pinus tabuliformis*

**形态特征** 常绿乔木，高可达30m。树冠宝塔形或卵圆形，老枝常呈平顶。树皮暗褐色，鳞块状裂。针叶2针一束。雌雄同株，雄球花多个，聚生新枝下部，橙黄色；雌球花单生或几个聚生于近新枝顶部，初时紫色，成熟时棕色。花期4~5月，球果翌年10月成熟，不脱落。

**生理习性** 强喜光，耐寒，耐干旱，耐瘠薄，深根性树种，在土层深厚、排水良好的酸性、中性或钙质黄土上均能生长良好。生长速度中等，寿命可达千年以上。

# 侧柏

*Platycladus orientalis*

**形态特征** 常绿乔木，高可达20m。干皮淡灰褐色，条状纵列。小枝排成1个平面。叶鳞形，背面具腺槽。雌雄同株，花单性，雄球花黄色，由交互对生的小孢子叶组成；雌球花近球形，蓝绿色，被白粉。球果当年成熟，种鳞木质化，熟时开裂，花期4～5月，球果成熟期10月。

**生理习性** 喜光，耐寒，耐干旱瘠薄和盐碱地，不耐水涝。浅根性，侧根发达，寿命长。

# 叉子圆柏

*Juniperus sabina*

**形态特征** 常绿灌木，匍匐生长，通常高不及1m。幼树常为刺叶，交叉对生，背面有长椭圆形或条状腺体；壮龄树几乎全为鳞叶。雌雄异株，稀同株，雄球花椭圆形或矩圆形；雌球花曲垂或初期直立而随后俯垂。球果生于弯曲的小枝顶端，呈倒三角状卵形，熟时褐色或紫蓝色或黑色。花期4～5月，种子成熟期9～10月。

**生理习性** 喜光，喜凉爽干燥的气候，耐寒，耐旱，耐瘠薄，对土壤要求不严，不耐涝。适应性强，生长较快。

# 圆柏

*Juniperus chinensis*

**形态特征** 常绿乔木，高可达20m。干皮条状纵裂。叶二型，成年树及老树鳞叶为主，幼树常为刺叶；刺形叶3叶轮生或交互对生，斜展或近开展；鳞形叶交互对生，排裂紧密，先端钝或微尖。雌雄异株，稀同株，雄球花黄色，椭圆形，雄蕊5～7对，常有3～4花药。球果近圆球形，蓝绿色，熟时暗褐色，被白粉或白粉脱落，不开裂。花期3～4月，果成熟期翌年4～9月。

**生理习性** 喜光，耐寒，耐干旱瘠薄，也较耐湿。对土壤要求不严，能生于酸性、中性及石灰质土壤上。深根性，侧根发达。寿命长。

# 龙柏

*Juniperus chinensis* 'Kaizuca'

**形态特征** 常绿乔木，高可达 4m。圆柏的栽培变种。树形通常瘦削，呈圆柱形，小枝密，扭曲上伸。全为鳞叶，密生，嫩时鲜黄绿色，老则变灰绿色。球果蓝黑色，微被白粉。花期 3～4 月，果成熟期翌年 10～11 月。

**生理习性** 喜光，稍耐阴。喜温暖、湿润环境，抗寒，抗干旱，忌积水，排水不良时易产生落叶或生长不良。适生于干燥、肥沃、深厚的土壤，对土壤酸碱度适应性强，较耐盐碱。对二氧化硫和氯抗性强。

# 新疆杨

*Populus alba* var. *pyramidalis*

**形态特征** 落叶乔木，高可达30m。银白杨的变种，属白杨派，中国特有种，主要分布在新疆，故名。树冠窄圆柱形或尖塔形。树皮灰白或青灰色，光滑少裂。小枝末端被白色绒毛。萌条和长枝叶掌状深裂，基部平截；短枝叶圆形，有粗缺齿，侧齿几对称，基部平截，下面绿色几无毛；叶柄侧扁或近圆柱形，被白绒毛。雄花序轴有毛，苞片条状分裂，边缘有白色长毛，雄蕊5～20，花药不具细尖。花期3月。

**生理习性** 喜光，不耐阴。耐寒，耐干旱瘠薄及盐碱土。深根性，抗风力强，生长迅速。耐修剪，对有害气体抗性强。

# 毛白杨

*Populus tomentosa*

**形态特征** 落叶乔木，高可达30m。属白杨派，中国特有种。树冠圆锥形至圆形，树皮灰白色，皮孔菱形。 幼枝被灰毡毛，后光滑。长枝上的叶阔卵形或三角状卵形，下面密生毡毛，后渐脱落，叶柄上部常有2腺点；短枝上的叶背面无绒毛，叶柄顶端无腺点。柔荑花序，雄花序苞片约具10个尖头，密生白色长毛，雄蕊6～12，花药红色；雌花序苞片扇形，褐色，尖裂，沿边缘有白色长毛；子房长椭圆形，柱头2裂，粉红色。蒴果圆锥形或长卵形。花期3月，果期4～5月。

**生理习性** 喜光，喜深厚肥沃土壤，深根性，耐寒、耐旱力较强，耐瘠薄，黏土、壤土、沙壤土或低湿轻度盐碱土均能生长。抗烟尘、抗污染能力强。生长迅速，寿命较长。

杨柳目 杨柳科

# 三倍体毛白杨

triploid *Populus tomentosa*

**形态特征** 落叶乔木，高可达 30m。毛白杨通过染色体加倍和部分替换等方式培育出的无性系，属白杨派。树干通直，树冠卵圆形。树皮青白色，光滑，表面具菱形皮孔。叶卵状三角形，基部平截形，边缘具大小不规则的波状齿，叶背密生白色毡毛，叶柄上部侧扁，幼时具毛，先端常具 2 棒状腺体。雌花序绿色，柔荑花序，苞片盾形，柱头 2 裂。蒴果圆锥形，顶端稍弯曲，结实率低，种子空瘪，多败育。花期 3 月，果期 4 月。

**生理习性** 耐寒，抗旱，抗天牛，生长迅速。

# ‘84K’杨

*Populus alba* × *P. glandulosa*‘84K’

**形态特征** 落叶乔木，高可达25m。银白杨与腺毛杨的杂交雄株无性系，属白杨派。树皮青灰色，皮孔菱形、长椭圆形至圆形，树冠卵圆形。侧枝近轮生，主尖不明显。芽上被短柔毛。叶卵圆形，先端短渐尖，基部广楔形或截形，边缘具不规则波状齿，上面暗绿色，光滑，下面密生毡毛，后渐脱落，叶柄上部侧扁，近顶端常有1～2腺体。雄花序为柔荑花序，苞片盾形，具3～5个尖头，顶部密生白色长毛，雄蕊7～10，花药红色。花期3月。

**生理习性** 抗寒，抗旱，抗风（雪）能力较强，生根容易，苗期与幼树生长快，材质好，适应性广。

# 加杨

*Populus × canadensis*

**形态特征** 落叶乔木，高可达30m。又称加拿大杨，美洲黑杨与欧洲黑杨的杂交种，属黑杨派。干直，树皮粗厚，深沟裂，下部暗灰色，上部褐灰色，树冠卵形。小枝有棱。芽大，富黏质。单叶互生，三角形或三角状卵形，先端渐尖，基部截形或宽楔形，边缘有圆锯齿；叶柄长，上部侧扁，带红色，先端常有1～2腺体。雌雄异株，雄株多，雌株少。柔荑花序，雄花序红色，苞片淡绿褐色，不整齐，丝状深裂；雌花序柱头4裂，子房圆球形。蒴果卵球形。花期3月，果期4～5月。

**生理习性** 喜光，不耐阴，喜温暖湿润气候，耐严寒，耐瘠薄及微碱性土壤，扦插易活，生长迅速。

# ‘意大利214’杨

*Populus* × *canadensis*‘I-214’

**形态特征** 落叶乔木。高可达30m。从卡路琳尼黑杨与欧洲黑杨的自然杂种中选育出来的雌株无性系，属黑杨派。树干通直或稍弯，树冠长卵形，浓密，树皮灰褐色，基部浅疏纵裂。幼枝及幼叶红色，有黏液。叶三角形，基部平截或广楔形，边缘具圆钝锯齿，微内曲；叶柄上部侧扁，细而较长，先端有2～4腺体。柔荑花序，雌花序绿色，苞片窄扇形，顶端有黑色长毛；柱头淡黄绿色，2～3裂。蒴果卵球形，先端锐尖。花期3月，果期4～5月。

**生理习性** 强喜光，耐盐碱，原产意大利，是天然杂交种，生长极快。耐寒性较其他杨树品种稍差。

# ‘沙兰’杨

*Populus* × *canadensis* ‘Sacrau 79’

**形态特征** 落叶乔木，高可达30m。美洲黑杨与欧洲黑杨杂种无性系的栽培品种，属黑杨派，仅雌株。树干微弯，树冠宽阔，圆锥形，树皮灰褐色，基部有较宽浅纵裂。侧枝近轮生，稀疏，枝层明显。叶卵状三角形，先端渐尖，基部平截，边缘具不规则圆钝锯齿，叶缘微翘起；叶柄上部侧扁，光滑，细而较长，淡绿色，常带红色，先端具1～4棒状腺体。柔荑花序，雌花序绿色，苞片扇形，柱头淡黄绿色，2～3裂。蒴果近短圆锥形 。花期3月，果期4～5月。

**生理习性** 强喜光，耐盐碱，生长迅速，耐寒性较其他杨树品种稍差。

# ‘山海关’杨

*Populus deltoids* ‘Shanhaiguan’

**形态特征** 落叶乔木，高可达 25m。从美洲黑杨的北方变种念珠杨中选出的雌雄株都有的混系，属黑杨派。树干弯曲，下部枝痕处常有瘤状凸起。树皮深灰褐色，有深纵裂。芽无毛，有黏液。叶三角形，宽略大于长，基部微心平截，先端渐尖，边缘具不规则钝锯齿，微内曲，叶柄上部侧扁。雌雄异株，雄花序为柔荑花序，苞片佛焰状，边缘有褐色长毛，花药红色；雌花序不详。蒴果。花期 3 月，果期 4～5 月。

**生理习性** 耐水湿，耐瘠薄，病虫害少。

# ‘107’杨

*Populus × euramericana* ‘74/76’

**形态特征** 落叶乔木，高可达30m。美洲黑杨与欧洲黑杨的杂交雌株无性系，属黑杨派。树干通直，皮灰色，老时基部黑灰色。尖削度小，侧枝与主干夹角常小于45°，侧枝较细。叶三角形，小而密，先端长渐尖，边缘具不规则圆钝锯齿，叶缘微翘起，叶柄上部侧扁。柔荑花序，雌花序绿色，苞片窄扇形，顶端有黑色长毛，柱头淡黄绿色，2～3裂，子房近球形。蒴果卵球形，先端向一侧锐尖，三瓣裂。花期3月，果期4～5月。

**生理习性** 耐旱、耐寒、耐瘠薄，适宜性强，在最低气温-35℃地区仍可安全过冬。

# ‘108’杨

*Populus* × *euramericana* ‘Guariento’

**形态特征** 落叶乔木，高可达 30m。美洲黑杨与欧洲黑杨的杂交雌株无性系，属黑杨派。树干较直或稍弯，尖削度大。树冠椭圆形至卵形，树皮灰色，有深纵裂，枝痕色深，下部枝痕处常有瘤状凸起。展叶较早，3 月下旬展叶，叶三角形，长略大于宽，基部平截或宽楔形，边缘具钝锯齿，微内曲，叶缘微翘起；叶柄上部侧扁，先端常具 1～2 腺体。花序不详，花期 3 月。

**生理习性** ‘108’杨与‘107’杨相比，生长量相似，但更为抗寒、抗虫。

# ‘中林46’杨

*Populus*×*euramericana* ‘Zhonglin46’

**形态特征** 落叶乔木，高可达30m。美洲黑杨‘I-69’和欧洲黑杨杂交的雌株无性系之一。树干通直，树冠宽卵形。老树下部树皮灰褐色，有深纵裂，上部皮灰白色。枝条角度开张，主尖不明显，尖削度大。芽无毛，有黏液。冬叶少量宿存。叶三角形，基部多平截，稀宽楔形，先端渐尖，波状齿牙缘，叶缘微翘起，叶面光滑，叶背被短柔毛，叶柄上部侧扁，先端常具2腺体。柔荑花序较加杨细小，雌花序绿色，柱头2～4裂，子房近球形。蒴果卵球形，先端锐尖。花期3月，果期4～5月。

**生理习性** 喜光，高产，耐寒，耐盐碱，适合在沙壤土中生长。

# ‘中林北京2000’系列杨

*Populus ×euramericana* ‘Zhonglin2000’

**形态特征** 落叶乔木，高可达30m。它是一批不同气候区适生杨树品种的总称，有美洲黑杨种内杂交品种、欧美杨杂种以及其他方面的速生杂种。表现突出的是美洲黑杨种内杂种，其中2002、2003、2025、2050均为雄性无性系。树干通直、圆满，顶端优势显著，竞争枝少、产材率高，抗病性强。生长迅速，可当年育苗，当年成林，是防风固沙、保持水土的先锋树种。

**生理习性** 速生，抗寒，抗风折，耐水湿。适应性强。

杨柳目
杨柳科

# ‘小美旱’杨

*Populus simonii*×(*Populus pyramidalis*+*Salix matsudana*)‘Poplaris’

**形态特征** 落叶乔木，高可达30m。以小叶杨为母本，以钻天杨和旱柳的混合花粉为父本的杂交种。树干常稍弯，下部枝痕处常有瘤状凸起。老树树皮深褐色，有深纵裂。芽有黏液，有轻微臭味。冬叶少量宿存。展叶早，3月下旬即展叶。叶卵状三角形，基部平截形，先端长渐尖，边缘具不规则钝锯齿，叶缘微翘起。雌雄异株，柔荑花序较加杨细小，苞片黄白色，顶端有红褐色长毛状分叉；雄花序红色，雌花序淡黄绿色，柱头2裂。蒴果卵球形。花期3月，果期4～5月。

**生理习性** 喜光，耐寒，耐盐碱，早期生长迅速，10年后长势渐缓。飞絮严重。

# 旱柳

*Salix matsudana*

**形态特征** 落叶乔木，高可达 20m。树冠广圆形，树皮暗灰黑色，有裂沟。枝细长，直立或斜展。叶披针形，先端长渐尖，基部窄圆形或楔形，上面绿色，有光泽，下面苍白色或带白色有细齿腺。雌雄异株，柔荑花序与叶同时开放；雄花序圆柱形，苞片卵形，黄绿色，雄蕊 2；雌花序较雄花序短，有 3～5 小叶生于短花序梗上，苞片长卵形，子房长椭圆形，柱头卵形，2 裂，有 2 腺体。蒴果 2 瓣裂，种子有丝状毛。花期 4 月，果期 4～5 月。

**生理习性** 喜光，耐寒，喜水湿，也耐干旱，以湿润而排水良好的土壤上生长最好，根系发达，抗风能力强，生长快，易繁殖。

# 垂柳

*Salix babylonica*

**形态特征** 落叶乔木，高可达 18m。小枝细长下垂，淡黄褐色。叶互生，披针形或条状披针形，先端渐长尖，基部楔形，无毛或幼叶微有毛，边缘具细锯齿，托叶披针形，早落。雌雄异株，柔荑花序，雄花序生于短枝顶，苞片条状披针形，外面有毛，雄蕊 2，腺体 2；雌花序基部有 3~4 小叶，苞片无毛，柱头 2 裂，有腺体 1。蒴果 2 裂。花期 3~4 月，果成熟期 4~6 月。

**生理习性** 喜光，耐寒，性喜水湿，也耐干旱。萌芽力强，根系发达，生长迅速，寿命较短，树干易老化，30 年后渐趋衰老。根系发达，对有害气体有一定的抗性，能吸收二氧化硫。

# 枫杨

*Pterocarya stenoptera*

**形态特征** 落叶乔木，高可达30m。幼树树皮平滑，浅灰色，老时则深纵裂，灰色至深灰色。裸芽有柄，偶数羽状复叶互生，叶轴有狭翅，小叶10～16，长椭圆形或长椭圆状披针形，无柄。柔荑花序先叶开放，雄花序生于老枝叶腋，花被片1，雄蕊多枚；雌花序生于新枝顶端，雌花疏生于苞腋，左右各有1小苞片，花被片4。果长椭圆形，具2长翅，成串下垂。花期4～5月，果期8～10月。

**生理习性** 喜光，颇耐寒，耐低湿，深根性，侧根发达，生长较快，萌蘖性强。

# 栓皮栎

*Quercus variabilis*

**形态特征** 落叶乔木，高可达30m。树皮黑褐色，深纵裂，木栓层发达。叶卵状披针形或长椭圆形，顶端渐尖，叶背密被灰白色星状毛。花单性同株，雄花柔荑花序，花被4～6裂，雄蕊10枚或较多；雌花序生于叶腋，花柱杯状，包着坚果2/3，小苞片钻形。坚果近球形或宽卵形，顶端圆，果脐突起。花期3～4月，果期翌年9～10月。

**生理习性** 喜光，幼苗能耐阴。深根性，根系发达，萌芽力强。适应性强，抗风，抗旱，耐火，耐瘠薄，在酸性、中性及钙质土壤均能生长，尤以在土层深厚肥沃、排水良好的壤土或沙壤土生长最好。

# 榆

*Ulmus pumila*

**形态特征** 落叶乔木。幼树树皮平滑，灰褐色或浅灰色；大树皮暗灰色，不规则深纵裂，粗糙。小枝灰色细长，排成二列鱼骨状。单叶互生，椭圆状披针形，先端渐尖或锐尖，基部圆形或楔形，叶缘有单锯齿。花先叶开放，聚伞花序簇生在去年生枝的叶腋，两性，花被片 4～5，雄蕊 4～5，伸出花被外。翅果倒卵形，先端有凹陷，无毛。花期 3 月，果期 4～5 月。

**生理习性** 喜光树种，喜光、耐旱、耐寒、耐瘠薄，不择土壤，适应性很强。根系发达，抗风力，保土力强。萌芽力强，耐修剪。生长快，寿命长。能耐干冷气候及中度盐碱，但不耐水湿（能耐雨季水涝）。具抗污染性，叶面滞尘能力强。

# ‘金叶’榆

*Ulmus pumila* ‘Jinye’

**形态特征** 榆的栽培品种。叶片金黄色，有自然光泽，色泽艳丽；叶脉清晰，质感好；叶卵圆形，平均长3～5cm，宽2～3cm，比普通榆叶片稍短；叶缘具锯齿，叶尖渐尖，互生于枝条上。

**生理习性** 适应性强，耐寒，耐旱，耐盐碱。

# ‘垂枝’榆

*Ulmus pumila* ‘Tenue’

**形态特征** 落叶亚乔木，榆的栽培品种。分枝较多，枝下垂，树冠伞形，通常以榆为砧木进行高接繁殖。

**生理习性** 适应性强，抗寒、抗旱、抗风、耐盐碱、耐修剪。

# 桑

*Morus alba*

**形态特征** 落叶乔木，高可达15m。单叶互生，椭圆形或卵形，先端尖或渐短尖，基部圆形或心形，边缘有粗钝锯齿，幼树之叶常有不规则浅裂、深裂，上面无毛，下面沿叶脉疏生毛，脉腋簇生毛。雌雄异株，均为腋生柔荑花序，雄花序早落，雌花花被片4，结果时变肉质。聚花果（桑椹）紫黑色、淡红或白色，多汁味甜。花期4月，果成熟期5～7月。

**生理习性** 适应性强，喜光，耐寒，耐湿，耐干旱瘠薄，耐轻盐碱，耐烟尘和有害气体，深根性，寿命长达300年。

# 构

*Broussonetia papyrifera*

**形态特征** 落叶乔木，高可达 20m。树皮暗灰色，平滑，常有褐色块状斑。小枝密生柔毛。单叶互生，稀对生，广卵形至长椭圆状卵形，先端渐尖，基部心形，边缘具粗锯齿，3～5 深裂至不分裂，两面密被茸毛，叶柄密被糙毛。雌雄异株，雄花序为柔荑花序，粗壮下垂，雌花序头状，球形。聚花果球形，熟时橘红色。花期 4～5 月，果期 8～9 月。

**生理习性** 喜光，耐干旱瘠薄，耐水湿，耐烟尘，抗大气污染力强，对土壤要求不严，生长快，萌芽性强。

# 葎草

*Humulus scandens*

**形态特征** 一年生或多年生草质藤本。茎缠绕，茎、枝、叶柄均具倒钩刺。单叶对生，纸质，五角形，掌状 3～7 裂，基部心形，表面粗糙，疏生糙伏毛，背面有柔毛和黄色腺体，裂片卵状三角形，边缘具粗锯齿。花腋生，雌雄异株，雄花小，黄绿色，圆锥花序，花被片和雄蕊各 5，雌花序为球果状的穗状花序。聚花果绿色，近松球状，单个果为扁球状的瘦果。花期 5～10 月，果期 8～11 月。

**生理习性** 生于沟边、荒地、废墟、林缘边。

# 巴天酸模

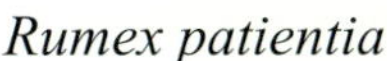

*Rumex patientia*

**形态特征** 多年生草本植物，高可达 1.5m。茎直立，粗壮，上部分枝，具深沟槽。基生叶长圆形或长圆状披针形，顶端急尖，基部圆形或近心形，边缘波状，叶柄粗壮。茎上部叶片披针形，较小，具短叶柄或近无柄；托叶鞘筒状，膜质。大型圆锥状花序，花两性，花被片 6；内轮花被片果时增大，全部或部分具小瘤，小瘤长卵形。瘦果卵形，具 3 锐棱，顶端渐尖，褐色，有光泽。花期 5～6 月，果期 6～7 月。

**生理习性** 生于水沟、路旁、荒地等潮湿处。

# 藜

*Chenopodium album*

**形态特征** 一年生草本，高可达1.5m。茎直立，粗壮，具绿色或紫红色条纹。叶菱状卵形至披针形，有长柄，边缘有不整齐的锯齿，下面生灰绿色粉粒。花序穗状，排列成腋生或顶生的圆锥状，花两性，被片5，肥厚。胞果包于花被内。种子横生，双凸镜状，黑色。花果期5~10月。

**生理习性** 生于路旁、荒地、草丛及田间。

# 猪毛菜

*Kali collinum*

**形态特征** 一年生草本，高可达 1m。茎直立，基部分枝，具绿色或紫红色条纹；枝伸展，生短硬毛或近无毛。叶圆柱状，条形，先端具刺尖，基部稍宽并具膜质边缘，下延。花单生于枝上部苞腋，组成穗状花序；苞片卵形，紧贴于轴，先端渐尖，背面具微隆脊，小苞片窄披针形；花被片卵状披针形，膜质，果时硬化，背面的附属物呈鸡冠状，花被片附属物以上部分近革质，内折，先端膜质；花柱很短。种子横生或斜生。花期 8～10 月，果期 9～11 月。

**生理习性** 较耐寒、耐旱、耐盐碱，在碱性砂质土壤上生长最好，喜直射较强光照。

# 马齿苋

*Portulaca oleracea*

**形态特征** 一年生草本，植株肉质，全株无毛。茎平卧，伏地铺散，多分枝，枝淡绿色或带暗红色。叶互生，叶片扁平，肥厚，倒卵形，似马齿状，全缘，上面暗绿色，下面淡绿色或带暗红色；叶柄粗短。花 3～6 朵簇生于枝顶端，无梗，午时盛开；花瓣 5，黄色，倒卵形。蒴果圆锥形；种子细小，偏斜球形，黑褐色，有光泽。花期 5～8 月，果期 6～9 月。

**生理习性** 性喜肥沃土壤，耐旱亦耐涝，生活力强。

# 女娄菜

*Silene aprica*

**形态特征**　一或二年生草本，高可达 70cm。全株密被短柔毛。基生叶倒披针形或窄匙形，基部渐窄成柄状，茎生叶对生，线状披针形至披针形，先端急尖，基部渐窄，全缘。聚伞花序顶生，2～4 分歧；萼管长卵形，具 10 脉，先端 5 齿裂；花瓣 5，淡紫色或白色，倒披针形，先端 2 裂，基部有爪，喉部有 2 鳞片。蒴果卵球形。花期 4～6 月，果期 6～8 月。

**生理习性**　生于林下、草地、路旁、林缘。

# 羽瓣石竹

*Dianthus plumarius*

**形态特征** 多年生草本，高 20～30cm。全株无毛，茎丛生，被白粉。叶线形，长 3～8cm，先端急尖，边缘粗糙或有细锯齿，叶上面中脉明显，侧脉不明显。花 2～4 朵成聚伞花序状，顶生，芳香；花瓣蔷薇色或淡红色，具环纹或花心紫黑色。蒴果。花期 5～10 月，果期 6～10 月。

**生理习性** 喜温凉及阳光充足的环境，耐寒，不耐暑热，喜疏松、排水良好的土壤，忌水湿。

# 白玉兰

*Yulania denudata*

**形态特征** 落叶乔木，高可达 15～20m。树冠卵圆形，幼枝及芽具柔毛。叶倒卵形、倒卵状长圆形，先端突尖而短钝，基部圆形或广楔形，幼时背面有毛。花叶前开放，花大，花萼花冠相似，9 枚，纯白色，厚而肉质，有香气，聚合蓇葖果圆柱形，熟时鲜红色。种子心形，侧扁，外种皮红色，内种皮黑色。花期 3～4 月，果期 9～10 月。

**生理习性** 喜光，颇耐阴，有一定的耐寒性，喜肥沃湿润且排水良好的酸性土壤，较耐干旱，不耐积水，生长慢。对二氧化硫、氯气等有害气体有较强抗性及一定的吸收能力。

# 二乔玉兰

*Yulania × soulangeana*

**形态特征** 落叶乔木，高可达6～10m。玉兰和紫玉兰的杂交种。叶倒卵形，先端短急尖。花叶前开放，花大，花瓣6枚，外面多淡紫色，基部色较深，里面白色，萼片3枚，常花瓣状，长度只达其一半。聚合蓇葖果，蓇葖卵圆形或倒卵圆形，熟时黑色，具白色皮孔。种子深褐色，宽倒卵圆形或倒卵圆形，侧扁。花期3～4月，果期9～10月。

**生理习性** 较亲本更为耐寒，耐旱，喜光，不耐积水。

# 荷包牡丹

*Lamprocapnos spectabilis*

**形态特征** 多年生草本，高可达 60cm。茎带紫红色。二回三出羽状复叶，对生，状似牡丹叶，具白粉，两面叶脉明显，一回裂片具长柄，中裂片柄较侧裂片柄长，二回裂片近无柄，2 或 3 裂，裂片倒卵状。总状花序顶生，弯垂，花下垂一边；花瓣 4 枚，交叉排成 2 层，外层 2 枚基部膨大成囊状，形似荷包，玫红色，具网纹；内层 2 枚较长，突出于外层，稍匙形，白色或粉红色，先端紫色。花期 4～6 月。

**生理习性** 耐寒而不耐高温，喜半阴的生境，炎热夏季休眠。不耐干旱，喜湿润、排水良好的肥沃沙壤土。

罂粟目 罂粟科

# 地丁草

*Corydalis bungeana*

**形态特征** 一年生草本，高可达 50cm。茎基部铺散分枝，具棱。基生叶多数，茎生叶少数，叶柄与叶片近等长，基部稍具鞘，边缘膜质，叶二至三回羽状全裂，一回羽片 3～5 对，具短柄，二回羽片 2～3 对，顶端裂成短小裂片，圆肾形，顶端稍凹下，无乳突，边缘膜质。总状花序，先密集，后疏离，果期伸长；苞片叶状，明显长于花梗；花粉红色至淡紫色，平展；外花瓣顶端多少下凹，具浅鸡冠状突起，边缘具齿；距稍向上斜伸，末端多少囊状膨大；下花瓣稍向前伸出。 蒴果椭圆形，下垂，种子 2 列。花期 3～4 月，果期 4～5 月。

**生理习性** 生于林下。

# 诸葛菜

*Orychophragmus violaceus*

**形态特征** 一或二年生草本，高可达 70cm。茎直立光滑，有粉霜。秋季植株全部基生叶，扇形，边缘有不整齐的粗锯齿；春季植株叶互生，下部茎生叶大头羽状全裂，上部叶长圆形或窄卵形，顶端急尖，基部耳状，抱茎，边缘有不整齐锯齿。总状花序顶生，花紫色、浅红色或褪成白色，花萼筒状，花瓣 4，紫色，宽倒卵形，呈十字排列。长角果线形，具 4 棱。种子卵形至长圆形，黑棕色，有纵条纹。花期 4～5 月，果期 5～6 月。

**生理习性** 生于林下、路边。

# 独行菜

*Lepidium apetalum*

**形态特征** 一或二年生草本，高可达 30cm。茎直立或斜升，多分枝，无毛或被微小头状毛。基生叶莲座状，平铺地面，羽状浅裂或深裂，叶片狭匙形；茎生叶狭披针形至条形，有疏齿或全缘。总状花序顶生，萼片早落，卵形；花瓣退化，雄蕊 2 或 4。短角果近圆形或宽椭圆形，扁平，顶端微缺，上部有短翅；果梗弧形。种子椭圆形，棕红色，平滑。花果期 5～7 月。

**生理习性** 生于路旁、田边、草丛。

# 荠

*Capsella bursa-pastoris*

**形态特征** 一或二年生草本，高可达 50cm。茎直立，有分枝。基生叶丛生呈莲座状，叶形变化极大，一般为大头羽状分裂，边缘有浅裂或不规则粗锯齿；茎生叶狭披针形，基部抱茎。总状花序顶生及腋生，花瓣 4，白色，卵形，有短爪，呈十字形排列。短角果倒心形，扁平，先端微凹。花果期 4～6 月。

**生理习性** 生于林旁、路边、田边、草丛。

# 葶苈

*Draba nemorosa*

**形态特征** 一或二年生草本，高 45cm 左右。茎和叶片密生单毛和星状毛。基生叶莲座状，长倒卵形，顶端稍钝，边缘有疏细齿或近于全缘；茎生叶卵状披针形，顶端尖，基部楔形或渐圆，边缘有细齿，无柄，上面被单毛和叉状毛，下面以星状毛为多。总状花序有花 25～90 朵，密集成伞房状，花后显著伸长，疏松；花瓣 4，呈十字形排列，黄色，花期后成白色，倒楔形，顶端凹。短角果长圆形或长椭圆形，被短单毛。花期 3～4 月上旬，果期 5～6 月。

**生理习性** 喜温暖湿润，耐阴。

# 太平花

*Philadelphus pekinensis*

**形态特征** 落叶灌木，高可达3m。老枝树皮剥落。单叶对生，卵形至狭卵形，先端渐尖，边缘疏生锯齿，具3条主脉。总状花序，具5~9朵花，微香；萼筒钟形，裂片4，黄褐色；花瓣4，白色。蒴果倒圆锥形，4瓣裂，宿存萼裂片近顶生。花期5~6月，果期8~9月。

**生理习性** 喜光，稍耐阴，耐寒、耐旱，怕涝。

# 杜仲

*Eucommia ulmoides*

**形态特征** 落叶乔木，高可达20m。全株含硬橡胶细丝。树皮灰褐色。枝具片状髓心。单叶互生，椭圆形、卵形或矩圆形，先端锐尖，基部圆形或阔楔形，边缘有锯齿；薄革质。雌雄异株，无花被，雄花簇生，花梗无毛，具小苞片，雄蕊5～10，线形；雌花单生小枝下部，先叶开放，苞片倒卵形，子房无毛。翅果扁平，长椭圆形，基部楔形，周围具薄翅，先端2裂。枝、叶、果断裂后有弹性丝相连。花期4～5月，果期9～10月。

**生理习性** 喜光，耐寒，适应性强，在酸性、中性、钙质或轻盐土上均能适应。

# 一球悬铃木

*Platanus occidentalis*

**形态特征** 落叶大乔木，在原产地高可达50m。枝条开展，树冠广阔，呈长椭圆形。树皮常成小块状裂，不易剥落，灰褐色。单叶互生，叶大，阔卵形，通常3掌状浅裂，稀为5浅裂，边缘有不规则尖齿和波状齿，基部截形或近心形，嫩时有星状毛，后近于无毛。托叶基部鞘状，包住腋芽。花单性同株，花小，通常4～6数，聚成圆球形头状花序；雄花的萼片及花瓣均短小，花丝极短，花药伸长，盾状药隔无毛。头状果序圆球形，单生，稀为2个，下垂，如悬挂的小铃铛，因此得名。花期4～5月，果成熟期9～10月。

**生理习性** 喜光，喜湿润温暖气候，较耐寒。根系分布较浅，生长迅速，易成活。耐修剪，抗空气污染能力较强，对二氧化硫、氯气等有害气体有较强的抗性。

# 二球悬铃木

*Platanus acerifolia*

**形态特征** 落叶乔木，高可达35m。一球悬铃木与三球悬铃木的杂交种。树皮薄片状脱落，灰褐色。幼枝密被灰黄色星状茸毛，老枝无毛，红褐色。叶宽卵形，宽稍大于长或近相等，基部平截或微心形，幼叶两面被灰黄色星状茸毛，后脱落，仅在背脉腋内有毛，上部掌状3～5中裂，有时7裂，中裂片宽三角形，长宽约相等，裂片全缘或具1～2粗齿；叶柄密被黄褐色星状毛；托叶基部鞘状，上部开裂。花常4数；雄花萼片卵形，被毛；花瓣长圆形，长为萼片2倍；雄蕊长于花瓣，盾形药隔被毛。球形果序常2个串生，稀1或3个，下垂，如悬挂的小铃铛，因此得名。花期4～5月，果期9～10月。

**生理习性** 喜光，不耐阴，耐干旱、瘠薄，亦耐湿。喜温暖湿润气候，较耐寒，在北京地区幼树易受冻害，须防寒。对土壤要求不严，根系浅，易风倒。生长迅速、成荫快，萌芽力强，耐修剪。抗烟尘、硫化氢等有害气体。

# 李叶绣线菊

*Spiraea prunifolia*

蔷薇目 蔷薇科

**形态特征** 落叶灌木，高可达3m。小枝细长，稍有棱角，幼时被短柔毛，以后逐渐脱落，老时近无毛。冬芽无毛，有数枚鳞片。叶卵形或长圆状披针形，近基部或中部以上具细锐单锯齿，上面幼时微被短柔毛，下面被短柔毛，羽状脉；叶柄被短柔毛。伞形花序无总梗，具花3~6朵，基部着生数枚小形叶片，花梗有短柔毛；花小，白色；雄蕊短于花瓣。蓇葖果开张。花期4~5月，果期6~7月。

**生理习性** 耐寒，耐旱，耐瘠薄，适应性强。

# 平枝栒子

*Cotoneaster horizontalis*

**形态特征** 落叶或半常绿匍匐灌木，高 1m 以下。枝水平开张排成两列。叶片小，革质，近圆形或宽椭圆形，稀倒卵形，先端急尖，基部楔形，全缘；上面无毛，下面有稀疏伏贴柔毛。花 1～2 朵，顶生或腋生，近无梗，花瓣粉红色，倒卵形，先端圆钝。果近球形，鲜红色。花期 5～6 月，果期 8～9 月。

**生理习性** 喜温暖湿润的半阴环境，耐干旱、瘠薄，不耐湿热，略耐寒性，怕积水。

# 重瓣粉海棠花

*Malus spectabilis* ‘Riversii’

**形态特征** 落叶乔木，高可达 5m。叶长椭圆形或椭圆形，先端尖，基部广楔形或圆形，缘具紧贴细锯齿。花序近伞形，有花 4～7 朵，集生于小枝顶端，花在蕾时深粉红色，开放后淡粉色至近白色。果实近球形，黄色，萼片宿存。花期 4～5 月，果期 8～9 月。

**生理习性** 喜光，耐寒，较耐干旱。忌水涝，忌空气过湿。

蔷薇目 蔷薇科

# 北美海棠

*Malus* ‘American’

**形态特征** 落叶乔木，高可达7m。北美地区的多个海棠品种的总称，其树形、枝条、花、叶、果实色彩形态丰富。树冠呈圆丘状，或整株直立呈垂枝状，分枝多变，树干有光泽。新叶色彩艳丽。花量大，花色多，有白色、粉色、红色、鲜红色，多有香气；花萼红、黄或橙色。果实多扁球形。花期4月上旬，果期7~8月，部分宿存果的观赏期可一直持续到翌年3~4月。共青林场内有‘绚丽’‘印第安魔力’等品种。

**生理习性** 适应性强，抗性强，耐寒，耐瘠薄。

# 现代月季

*Rosa hybrida*

**形态特征** 常绿或半常绿灌木，高可达2m。小枝具粗刺，无毛。奇数羽状复叶，小叶3～5片，稀7片，宽卵形至卵状长圆形。缘有尖锯齿，无毛；叶轴、叶柄有腺毛及小皮刺。花单生或成伞房花序，重瓣或半重瓣，红、粉至白色等，花瓣倒卵形。果卵球形或梨形，红色。花期5～10月，果期6～11月。

**生理习性** 喜光，喜温暖湿润气候及肥沃土壤。

蔷薇目 蔷薇科

# 黄刺玫

*Rosa xanthina*

**形态特征** 落叶灌木，高可达3m。小枝褐色或褐红色，具硬直扁刺。奇数羽状复叶，小叶7～13片，近圆形或椭圆形，先端钝，基部近圆形，边缘有圆钝锯齿；叶柄、叶轴有疏生小刺；托叶大部附生叶柄上。花单生于叶腋，无苞片，黄色，单瓣或重瓣，花瓣宽倒卵形，先端微凹，基部宽楔形。果球形，红黄色。花期4～5月，果期7～8月。

**生理习性** 喜光，稍耐阴，耐寒力强。对土壤要求不严，耐干旱和瘠薄，在盐碱土中也能生长，以疏松、肥沃土地为佳。不耐水涝。少病虫害。

# 朝天委陵菜

*Potentilla supina*

**形态特征** 一二年生草本，高 20～70cm。茎平展，上升或直立，叉状分枝，被疏柔毛或脱落几无毛。奇数羽状复叶，基生叶有小叶 7～13，矩圆形，边缘有缺刻状锯齿，叶柄被疏柔毛或脱落几无毛；小叶互生或对生，无柄，小叶片长圆形或倒卵状长圆形，顶端圆钝或急尖，基部楔形或宽楔形，边缘有圆钝或缺刻状锯齿，两面绿色，被稀疏柔毛或脱落几无毛；茎生叶与基生叶相似，向上小叶对数逐渐减少，有时为三出复叶。花单生叶腋，花瓣 5，黄色。花期 4～7 月，果期 5～8 月。

**生理习性** 生长水湿地边、荒坡草地、河岸沙地及盐碱地。

# 紫叶李

*Prunus cerasifera* 'Atropurpurea'

**形态特征** 落叶灌木或小乔木，高可达8m。多分枝，枝条细长开展，暗灰色。叶片椭圆形、卵形或倒卵形，先端急尖，基部楔形或近圆形，边缘有圆钝锯齿，有时混有重锯齿，紫色。花1朵，稀2朵；花梗长1～2.2cm，无毛或微被短柔毛；萼筒钟状，萼片长卵形，先端圆钝，萼筒和萼片外面无毛，萼筒内面有疏生短柔毛；花瓣5，白色，长圆形或匙形，边缘波状，基部楔形。核果近球形或椭圆形，长宽几相等，黄色、红色或黑色。花期4月，果期8月。

**生理习性** 喜光，耐寒，耐水湿，在肥沃、深厚且排水良好的土壤上生长健壮。

# 杏

*Prunus armeniaca*

**形态特征** 落叶乔木，高可达 15m。树冠开阔，圆球形或扁球形。小枝红褐色，无毛。叶广卵形，先端短尖或尾状尖，基部圆或近心形，锯齿圆钝，两面无毛或仅背面有簇毛。花单生，先叶开放；花梗被柔毛；花萼鲜绛红色，萼筒圆筒形，基部被柔毛，萼片卵形或卵状长圆形，花后反折；花瓣圆形或倒卵形，白色带红晕；花柱下部具柔毛。果实近球形，黄色或带红晕，有细柔毛；果成熟期肉多汁，熟时不裂，果核卵圆形或椭圆形，平滑。花期 3～4 月，果期 6～7 月。

**生理习性** 喜光树种，适应性强，深根性，喜光，耐旱，抗寒，抗风，寿命可达百年以上。

# 碧桃

*Prunus persica* 'Duplex'

**形态特征** 落叶乔木，高可达 8m。树冠宽广而平展。树皮暗红褐色，老时粗糙呈鳞片状。小枝细长无毛，有光泽，绿色，向阳处转变成红色，具大量小皮孔。叶片长圆披针形、椭圆披针形或倒卵状披针形，先端渐尖，基部宽楔形，上面无毛，叶缘具细锯齿或粗锯齿。花单生，单瓣或重瓣，花瓣长圆状椭圆形至宽倒卵形，粉红色，罕为白色。核果，果实形状和大小均有变异。花期 3～4 月，果期 8～9 月。

**生理习性** 喜光，喜温暖的生长环境，耐寒、耐旱，不耐水湿，在肥沃并且排水性良好的沙质土壤上生长良好。

# 山桃

*Prunus davidiana*

**形态特征** 落叶乔木，高可达 10m。树冠开展，树皮暗紫色，有光泽。小枝细长。叶片卵状披针形，中下部最宽，先端渐尖，基部楔形，两面无毛，叶边具细锐锯齿，叶柄无毛，常具腺体。花单生，先于叶开放；几无梗；萼筒短，萼片不反折；花瓣倒卵形或近圆形，粉红色，先端圆钝，稀微凹。核果近球形，淡黄色。花期 3～4 月，果期 7～8 月。

**生理习性** 喜光，耐寒，耐干旱瘠薄，对土壤适应性强，怕涝。

蔷薇目 蔷薇科

# 榆叶梅

*Prunus triloba*

**形态特征** 落叶灌木，高可达3m。枝紫褐色，小枝细长。叶宽椭圆形至倒卵形，先端渐尖，常3裂，缘有不等的粗重锯齿；两面被疏毛。花1～2朵，先叶开放；萼筒宽钟状，无毛或幼时微具毛，萼片卵形或卵状披针形，无毛，近先端疏生小齿；花瓣近圆形或宽倒卵形，粉红色，单瓣至重瓣。核果红色，近球形，有毛。花期3～4月，果期5～6月。

**生理习性** 喜光，稍耐阴，耐寒，能在-35℃下越冬。对土壤要求不严，以中性至微碱性而肥沃土壤为佳。根系发达，耐旱性强，不耐涝。

# 日本晚樱

*Prunus serrulata* var. *lannesiana*

**形态特征** 落叶乔木，高可达8m。树皮灰褐色或灰黑色，有唇形皮孔。叶片卵状椭圆形或倒卵状椭圆形，先端渐尖，基部圆形，边有渐尖单锯齿及重锯齿，齿尖有小腺体，上下无毛。总状花序，有花2～3朵；萼筒圆筒状，有短柔毛；花瓣粉色，倒卵形，先端下凹。核果球形或卵球形，紫黑色。花期4～5月，果期6～7月。

**生理习性** 浅根性树种，喜光、深厚肥沃而排水良好的土壤，有一定的耐寒能力。

蔷薇目 蔷薇科

# 欧洲甜樱桃

*Prunus avium*

**形态特征** 落叶乔木，高可达25m。树皮黑褐色。小枝灰棕色，嫩枝绿色，无毛。叶片倒卵状椭圆形或椭圆卵形，先端骤尖或短渐尖，基部圆形或楔形，叶边有缺刻状圆钝重锯齿，齿端陷入小腺体，上面绿色，无毛，下面淡绿色，被稀疏长柔毛，有侧脉7～12对；叶柄无毛；托叶狭带形，边有腺齿。花序伞形，有花3～4朵，花叶同开，花梗无毛；萼筒钟状，无毛，萼片长椭圆形，开花后反折；花瓣白色，倒卵圆形，先端微下凹。核果近球形或卵球形，红色至紫黑色。花期4～5月，果期6～7月。

**生理习性** 喜光，喜温，喜湿，喜肥，较耐干旱瘠薄，以土质疏松、土层深厚的沙壤土为佳，不耐盐碱。

# 紫叶稠李

*Prunus virginiana*

**形态特征** 落叶乔木，高可达15m。小枝褐色，叶卵状长椭圆形至倒卵形，初生为绿色、有光泽，后变紫红绿色至紫红色，叶背发灰。花白色，呈下垂的总状花序，花瓣5，较大，近圆形。果球形，红色，成熟时变为紫黑色。花期4～5月，果期7～8月。

**生理习性** 喜光，在半荫生长环境下，叶片很少转为紫红色。耐寒，在湿润、肥沃、疏松、排水良好、pH值6～8的砂壤土上生长健壮。

蔷薇目 豆科

# 合欢

*Albizia julibrissin*

**形态特征** 落叶乔木，高可达16m。树冠伞形，树干灰黑色。二回羽状复叶互生，总叶柄近基部及最顶一对羽片着生处各有1腺体；小叶羽片4～12对（栽培的可达20对），对生，线形至长圆形，向上偏斜，先端有小尖头。头状花序在枝顶排成圆锥花序，花辐射对称，粉红色，花萼管状；花冠裂片三角形，花萼、花冠外均被短柔毛；花丝长2.5cm，为主要观赏部位。荚果带状，扁平，嫩荚有柔毛，老荚无毛。花期6～7月，果期8～10月。

**生理习性** 喜光，喜温暖湿润，喜疏松透气肥沃土壤，耐寒，耐旱，耐土壤瘠薄及轻度盐碱，对二氧化硫、氯化氢等有害气体有较强的抗性。生长迅速。

# 紫荆

*Cercis chinensis*

**形态特征** 落叶灌木，高可达 4m。丛生或单生，树皮和小枝灰白色。单叶互生，纸质，心形，宽与长相若或略短于长，先端急尖，全缘，光滑无毛，叶柄顶端膨大。花假蝶形，紫红色，5～8 朵簇生于老枝及茎干上，尤以主干上花束较多，越到上部幼嫩枝条则花越少，通常先于叶开放；龙骨瓣基部有深紫色斑纹；子房嫩绿色，花蕾时光亮无毛，后期则密被短柔毛。荚果扁狭长形，腹具窄翅。花期 4 月，果成熟期 9～10 月。

**生理习性** 喜光，喜湿润肥沃、排水良好的土壤，耐干旱瘠薄，有一定的耐寒性。不耐水淹。萌蘖性强，耐修剪。

蔷薇目 豆科

# 皂荚

*Gleditsia sinensis*

**形态特征** 落叶乔木，高可达 30m。主干具粗壮枝刺，常分枝，多呈柱状圆锥形。偶数羽状复叶丛生，小叶 6～14 片，长卵形至卵状披针形，边缘有细锯齿。花杂性，总状花序腋生或顶生，花冠假蝶形，黄白色。荚果带状，稍厚，黑棕色。花期 3～5 月，果期 5～12 月。

**生理习性** 喜光，稍耐阴，在微酸性、石灰质、轻盐碱土甚至黏土或砂土均能正常生长。深根性，具较强耐旱性，寿命可达六七百年。

# 槐

*Styphnolobium japonicum*

**形态特征** 落叶乔木，高可达25m。树冠圆形，干皮灰黑色，粗糙纵裂。当年生枝深绿，有黄褐色皮孔。奇数羽状复叶互生，小叶7～17枚，卵形至卵状披针形，全缘，先端尖。圆锥花序顶生，花梗密被毛，花萼浅钟状，具5浅齿，疏被毛，花冠蝶形，黄白色。荚果念珠状，下垂，黄绿色，不开裂。花期7～8月，果期9～10月。

**生理习性** 喜光，耐寒，适生于肥沃、湿润而排水良好的土壤，在石灰性及轻盐碱土上也能正常生长。深根性，寿命长，耐强修剪，移植易活，对烟尘及有害气体抗性较强。

# 金枝槐

*Styphnolobium japonicum* 'Golden Stem'

**形态特征** 落叶乔木。树皮光滑，茎、枝一年生为淡黄绿色，入冬后渐转黄色，二年生的枝茎为金黄色。羽状复叶互生，小叶椭圆形，淡黄绿色。圆锥状花序顶生，花冠蝶形，黄色，具短的小柄。荚果串珠状。花期6～8月，果期9～10月。

**生理习性** 喜光，耐旱性强，耐瘠薄，耐寒，对土壤要求不严。

# ‘龙爪’槐

*Styphnolobium japonicum* ‘Pendula’

**形态特征** 落叶乔木，常嫁接于槐之上。树冠呈伞形，侧枝和小枝均下垂，并向不同方向弯曲盘转，形似龙爪。羽状复叶互生，小叶卵状披针形或卵状长圆形，小托叶2枚，钻状。圆锥花序顶生，常呈金字塔形；花冠蝶形，白色或淡黄色。荚果串珠状。花期7～8月，果期8～10月。

**生理习性** 喜光，稍耐阴。能适应干冷气候。喜生于土层深厚、湿润肥沃、排水良好的沙质壤土。深根性，根系发达，抗风力强，萌芽力亦强，寿命长。对二氧化硫、氟化氢、氯气等有害气体及烟尘有一定抗性。

# 五叶槐

*Styphnolobium japonicum* f. *oligophyllum*

**形态特征** 落叶乔木，槐的变型。小叶 3～5 簇生，集生于叶轴先端成为掌状，下面常疏被长柔毛；顶生小叶常 3 裂，侧生小叶下部常有大裂片，叶背有毛。花期 7～8 月，果期 8～10 月。

**生理习性** 在石灰性、酸性及轻盐碱土上均可正常生长，耐烟尘，能适应城市街道环境，对二氧化硫、氯气、氯化氢均有较强的抗性。

# 天蓝苜蓿

*Medicago lupulina*

**形态特征** 多年生草本，高可达 60cm。全株被柔毛或有腺毛。茎平卧或上升，多分枝，叶茂盛。羽状三出复叶；托叶卵状披针形；小叶倒卵形、阔倒卵形或倒心形。花序小头状，总花梗细，挺直，比叶长，密被贴伏柔毛；苞片刺毛状，甚小；花冠黄色，旗瓣近圆形，翼瓣和龙骨瓣近等长，均比旗瓣短。荚果肾形，表面具同心弧形脉纹，被稀疏毛，熟时变黑；有种子 1 粒。种子卵形，褐色，平滑。花期 7～9 月，果期 8～10 月。

**生理习性** 生于湿草地及稍湿草地。

蔷薇目 豆科

# 草木樨

*Melilotus officinalis*

**形态特征** 一年生或二年生草本，高 0.5～3m。全草有香气。茎直立，多分枝，具棱。三出羽状复叶互生，小叶椭圆形至披针形，边缘具细锯齿；托叶三角形。总状花序腋生，含花 30～60 朵，花冠蝶形，黄色。荚果卵圆形，有网纹，含黄色或黄褐色种子 1 粒。花期 5～6 月，果期 6～7 月。

**生理习性** 适于半干燥、温湿地区，土壤不拘，抗碱性及抗旱性均较强。

# 刺槐

*Robinia pseudoacacia*

**形态特征** 落叶乔木，高可达25m。干皮灰褐色，深纵裂。枝具托叶性针刺，冬芽藏于叶痕内。奇数羽状复叶互生，小叶7～25片，椭圆形，全缘，先端圆或微凹，具小刺尖。总状花序腋生，下垂，花多数，芳香；花冠白色。荚果褐色，或具红褐色斑纹，种子扁肾形，黑色或褐色，常带较淡色的斑纹。花期4～5月，果期8～9月。

**生理习性** 喜光，耐干旱瘠薄，适应性强，根系浅而发达，萌蘖性强，生长快。

# 米口袋

*Gueldenstaedtia verna*

**形态特征** 多年生草本，高 4～20cm。全株被白色长绵毛，果期后毛渐稀少。分茎极缩短，叶及总花梗于分茎上丛生。奇数羽状复叶，小叶 9～21，椭圆形或长圆形，全缘；托叶披针形。伞形花序自叶丛中抽出，花 6～8 朵；蝶形花冠紫红色或蓝紫色。荚果圆柱形，种子多数。花期 4～6 月，果期 5～6 月。

**生理习性** 生于田间、路旁、草地等。

# 兴安胡枝子

*Lespedeza davurica*

**形态特征** 落叶灌木，高可达 1m。茎通常稍斜升。羽状三出复叶，顶生小叶披针状矩形，先端圆钝，有短尖，上面无毛，下面被贴伏的短柔毛；托叶线形。总状花序腋生，花萼浅杯状，5 深裂，外面被白毛，萼裂片披针形，先端长渐尖，与花冠近等长；花冠蝶形，白色或黄白色，旗瓣长圆形，中央稍带紫色。荚果小，倒卵形或长倒卵形。花期 7～8 月，果期 9～10 月。

**生理习性** 生于草地、路旁及沙质地上。

蔷薇目 豆科

# 鸡眼草

*Kummerowia striata*

**形态特征** 一年生草本。茎平卧，分枝多二开展。茎被向下的硬毛，三出复叶，膜质托叶大，卵状长圆形，小叶纸质，倒卵形或矩圆形，先端圆形，基部近圆形，全缘。花小，单生或2～3朵生于叶腋；花萼钟状，带紫色，5裂；花冠蝶形，紫红色、粉红色或紫色，较萼约长1倍，旗瓣椭圆形，具耳，龙骨瓣比旗瓣稍长或近等长，翼瓣比龙骨瓣稍短。荚果矩圆形，先端短尖，较萼稍长。花期7～9月，果期8～10月。

**生理习性** 生于路旁、水边、湿润处。

# 酢浆草

*Oxalis corniculata*

**形态特征** 多年生草本，高可达 35cm。全株被柔毛。茎细弱，多分枝，直立或匍匐，匍匐茎节上生根。叶基生或茎上互生，具长叶柄，三出复叶，小叶无柄，倒心形，先端凹入，基部宽楔形，全缘，两面被柔毛。花单生或数朵集为伞形花序状，腋生，总花梗淡红色，与叶近等长；萼片 5，披针形或长圆状披针形，背面和边缘被柔毛；花瓣 5，黄色，长圆状倒卵形。蒴果长圆柱形，5 棱。花果期 3～10 月。

**生理习性** 生于山坡草池、河谷沿岸、路边、田边、荒地或林下阴湿处。

# 牻牛儿苗

*Erodium stephanianum*

**形态特征** 多年生草本，高可达50cm。茎多数，仰卧或蔓生，多分枝，有柔毛。叶对生，长卵形或椭圆形，二回羽状深裂，小裂片卵状条形，全缘或疏生齿，上面疏被伏毛，下面被柔毛，沿脉毛被较密。伞形花序腋生，有2~5花，序梗被开展长柔毛和倒向短柔毛；萼片长圆状卵形，先端具长芒，被长糙毛；花瓣5，紫红色倒卵形，常具深紫色条纹，先端圆或微凹。蒴果顶端有长喙，种子褐色，具斑点。花期4~5月，果期6~8月。

**生理习性** 生于草地、田边、河边、路旁等。

# 蒺藜

*Tribulus terrestris*

**形态特征**　一年生草本，高 5～15cm，全株密被灰白色柔毛。茎平卧，由基部生出多数分枝。偶数羽状复叶，小叶 3～8 对，对生，矩圆形或斜短圆形，先端锐尖或钝，基部常偏斜，背面被毛，无小叶柄，全缘。花单生叶腋间，花梗短于叶；萼片宿存；花黄色，花瓣 5，倒广卵形；雄蕊 10，子房 5 棱，柱头 5 裂。果五角形。花期 5～8 月，果期 6～9 月。

**生理习性**　生于荒丘、田边、田间。

芸香目 苦木科

# 臭椿

*Ailanthus altissima*

**形态特征** 落叶乔木，高可达30m。树皮光滑或略有浅裂，灰黑色。嫩枝被黄或黄褐色柔毛，后脱落。奇数羽状复叶互生，小叶13～27，对生或近对生，纸质，卵状披针形，先端长渐尖，基部平截或稍圆，全缘，具1～3对粗齿，齿背有腺体，叶搓之有臭味。花杂性，大型圆锥花序顶生，萼片5～6，基部合生；花瓣5～6，白色带绿；雄蕊10，有花盘；柱头5裂。翅果扁平，成熟时淡黄褐色或红褐色。花期6～7月，果期9～10月。

**生理习性** 喜光，耐寒，耐干旱瘠薄，耐盐碱，不耐水涝。抗污染能力强，深根性，生长快。

# 斑地锦

*Euphorbia maculata*

**形态特征** 一年生草本，茎匍匐，长 10～17cm，密被白色柔毛。叶对生，长椭圆形至肾状长圆形，先端钝，基部偏斜，不对称，略呈渐圆形，边缘中部以下全缘，中部以上常具细小疏锯齿；叶面绿色，中部常具有一个长圆形的紫色斑点，叶背淡绿色或灰绿色，有紫色斑，两面无毛，叶柄极短。杯状花序单生于叶腋，总苞倒圆锥形，顶端 4 裂，裂片长三角形；腺体 4，具白色花瓣状附属物。蒴果三角状卵形。花果期 4～9 月。

**生理习性** 生于路旁、湿地、草地、农田、草坪、墙角、砖缝、荒地和公园绿地等。

# 乳浆大戟

*Euphorbia esula*

**形态特征** 多年生草本，高可达60cm。体内有白色乳汁。茎直立，多分枝。叶互生，狭披针形，先端尖或钝尖，基部楔形或平截，全缘，无叶柄。雌雄异花同株，总花序多歧聚伞状，总苞钟状，边缘5裂，裂片半圆形至三角形，边缘及内侧被毛；小花序杯状，新月形至半圆形；花绿色或黄绿色，无花被。蒴果表面光滑，三棱状球形。花果期4～10月。

**生理习性** 生于林缘、路旁。

# 黄杨

*Buxus sinica*

**形态特征** 常绿灌木或小乔木，高可达 6m。枝圆柱形，有纵棱，灰白色；小枝四棱形，被短柔毛。叶革质，阔椭圆形、阔倒卵形、卵状椭圆形或长圆形，先端圆或钝，常有小凹口，不尖锐，基部圆或急尖或楔形；叶面光亮，中脉凸出，侧脉明显，中脉上常密被白色短线状钟乳体。头状花序腋生，花密集，无花被，淡黄绿色，有香气；雄花约 10 枚，无花梗，不育雌蕊有棒状柄，末端膨大；雌花子房较花柱稍长，无毛，花柱粗扁，柱头倒心形，下延达花柱中部。蒴果近球形。花期 3 月，果期 5～6 月。

**生理习性** 喜温暖、半阴、湿润气候，耐旱，耐寒，耐修剪，抗烟尘，浅根性，生长慢，寿命长。

卫矛目 卫矛科

# 冬青卫矛

*Euonymus japonicus*

**形态特征** 常绿灌木或小乔木，高可达 8m。叶倒卵状椭圆形，先端渐尖，有时稍钝，基部楔形或宽楔形，上面中脉凸起，叶面光亮，革质或薄革质。聚伞花序腋生，2～3 次分枝，具 5～12 花；花序梗及分枝长而扁；花绿白色，4 基数。蒴果扁球形，粉红色，熟后 4 瓣裂；假种皮橘红色。花期 4～5 月，果期 10～11 月。

**生理习性** 喜光，稍耐阴，有一定耐寒力。对土壤要求不严，在微酸、微碱土壤中均能生长，在肥沃和排水良好的土壤中生长迅速。萌芽力强，耐修剪。

# ‘火焰’卫矛

*Euonymus alatus* ‘Compactus’

**形态特征** 落叶灌木，株高 1.5～3m。栽培品种，分枝多，枝幼时绿色，无毛，老枝上生有木栓质的翅。单叶对生，叶椭圆形至卵圆形，有锯齿，春为深绿色，初秋开始变血红色或火红色，如天气干旱，叶片会较早出现红色。聚伞花序，花色浅红或浅黄色。花期 5～6 月，果期 9～10 月。

**生理习性** 适应性强，耐寒，全光或遮荫均可，对土壤要求不严格。

# 白杜

*Euonymus maackii*

**形态特征** 落叶乔木，高可达8m。叶卵状椭圆形、卵圆形或窄椭圆形，先端长渐尖，基部阔楔形或近圆形，边缘具细锯齿，叶柄细长。聚伞花序有1～2次分枝，生花3～7朵，淡白绿色或黄绿色，小；萼片4；花瓣4；雄蕊4，花药紫色，有花盘。蒴果倒圆心状，粉红色；种子长椭圆状，假种皮橙红色。花期5～6月，果期9月。

**生理习性** 喜光，耐寒，耐旱，稍耐阴，也耐水湿。深根性植物，根萌蘖力强，生长较慢。有较强的适应能力，对土壤要求不严，中性土和微酸性土均能适应，最适宜栽植在肥沃、湿润的土壤中。

# 火炬树

*Rhus typhina*

**形态特征** 落叶灌木或小乔木，高可达 10m。小枝粗壮，红褐色，密生绒毛。奇数羽状复叶互生，小叶 9～27 片，长圆形至披针形，缘有整齐锯齿。雌雄异株，圆锥花序顶生，密生茸毛，花淡绿色。核果深红色，密生绒毛，花柱宿存，密集成火炬形，果实成熟后经久不落，故而得名。花期 6～7 月，果期 8～9 月。

**生理习性** 喜光，耐寒，耐干旱，耐瘠薄，耐水湿，耐盐碱。对土壤适应性强，根系发达，萌蘖性强，4 年内可萌发 30～50 萌蘖株。浅根性，生长快，寿命短。

# 黄栌

*Cotinus coggygria* var. *cinereus*

**形态特征** 落叶小乔木或灌木，高可达 8m。树冠圆形。木质部黄色，树汁有异味。单叶互生，倒卵形或卵圆形，先端圆或微凹，全缘，先端常叉开；叶柄短。圆锥花序疏松顶生，被柔毛；花小、杂性，淡绿色，仅少数发育；花萼无毛，裂片卵状三角形；花瓣 5，卵形或卵状披针形；不育花的花梗花后伸长，被羽状长柔毛，宿存。核果肾形。花期 5~6 月，果期 7~8 月。

**生理习性** 喜光，也耐半阴，耐寒、耐干旱瘠薄、耐碱性，不耐水湿，宜植于土层深厚、肥沃而排水良好的砂质壤土中。 生长快，根系发达，萌蘖性强。对二氧化硫有较强抗性。秋季当昼夜温差大于 10℃时，叶色变红。

# 元宝槭

*Acer truncatum*

**形态特征** 落叶乔木，高可达 10m。树皮深纵裂。单叶对生，掌状 5 深裂，基部截形或近心形，裂片全缘。雄花和两性花同株，排列成顶生伞房花序；花黄绿色，萼片、花瓣各 5，雄蕊 8。双翅果扁平，果翅与果近等长，形似元宝，故而得名。花期 4～5 月，果期 9～10 月。

**生理习性** 稍喜光，耐半阴，耐寒，较抗风，不耐干热和强烈日晒。深根性，抗风力强，生长速度中等，寿命较长。

# ‘金叶’梣叶槭

*Acer negundo* ‘Aureum’

**形态特征** 落叶乔木，高可达 20m。树皮黄褐色或灰褐色。羽状复叶对生，金黄色，小叶 3～7，纸质，卵形或椭圆状披针形，先端渐尖，基部楔形，具 3～5 对粗锯齿。花单性，雌雄异株，雄花聚伞状花序，雌花总状花序，花小，黄绿色，开于叶前，无花瓣，无花盘；雄蕊 4～6，花丝长；子房无毛。双翅果，两果翅展开成锐角或近于直角。花期 4～5 月，果期 9 月。

**生理习性** 喜光，极耐寒，喜干冷气候，耐旱，耐轻度盐碱，耐烟尘。适应性强，生长迅速 。

# 红花槭

*Acer rubrum*

**形态特征** 落叶乔木，高可达30m。树冠呈椭圆形或圆形，树皮光滑，灰褐色。单叶对生，掌状3～5裂，春季叶色泛红，夏季转绿，秋季叶色鲜红亮丽。花红色，稠密簇生，少部分微黄色，小而繁密，先叶开放。翅果，多呈微红色，成熟时变为棕色。花期3～4月，果期9～10月。

**生理习性** 适应性较强，耐寒，耐旱，耐湿。对有害气体抗性强，尤其对氯气的吸收力强。

# 七叶树

*Aesculus chinensis*

**形态特征** 落叶乔木，高可达25m。树皮深褐色或灰褐色。小枝粗壮，无毛，顶芽发达。掌状复叶对生，小叶5～7，倒卵状长椭圆形，边缘有细密锯齿；下面沿中脉有毛。花杂性同株，圆锥花序顶生，小花序常由5～10朵花组成；花萼管状钟形,5浅裂；花瓣4，白色，长圆倒卵形至长圆倒披针形。果实球形或倒卵圆形。花期5～6月，果期10月。

**生理习性** 喜光，稍耐阴，喜温暖气候，也能耐寒，喜深厚、肥沃、湿润而排水良好的土壤。深根性，萌芽力强，生长速度中等偏慢，寿命长。

# 栾树

*Koelreuteria paniculata*

**形态特征** 落叶乔木，高可达25m。树皮灰褐色至灰黑色，老时纵裂。一至二回奇数羽状复叶互生，纸质，小叶卵形、阔卵形至卵状披针形，边缘有不规则的粗齿或羽状深裂。顶生圆锥花序宽散，花杂性同株或异株，金黄色，稍芳香；萼不等5裂；花瓣4，向上旋转，有爪，有2附属物；花盘上边钝齿形，偏于一侧；雄蕊，有长花丝；花柱3，端3裂。蒴果囊状。花期6~8月，果期9~10月。

**生理习性** 喜光，稍耐半阴，耐寒，耐干旱瘠薄，对环境的适应性强，喜欢生长于石灰质土壤中，耐盐渍及短期水涝。深根性，萌蘖力强，生长速度中等，有较强的抗烟尘能力。

# 文冠果

*Xanthoceras sorbifolium*

**形态特征** 落叶灌木或小乔木，高可达5m。小枝粗壮，褐红色，无毛。奇数羽状复叶互生，小叶9～19，对生，长椭圆形或披针形，两侧稍不对称，顶端渐尖，基部楔形，缘有锐齿。总状花序直立，花杂性，两性花的花序顶生，雄花序腋生，直立，总花梗短，花瓣5，白色，缘有皱波，基部具紫红色或黄色斑纹，花盘5裂，各具一橙黄色角状附属体。蒴果椭球形。花期4～5月，果期7～8月。

**生理习性** 喜光，耐半阴，对土壤适应性很强，耐瘠薄、耐盐碱，抗寒、抗旱能力极强，不耐涝、怕风。

# 枣

*Ziziphus jujuba*

**形态特征** 落叶小乔木，稀灌木，高可达10m。树皮灰褐色。幼枝“之”字形弯曲，上有托叶变成的刺，一刺直，另一刺反曲钩状，当年生枝常簇生于矩状短枝上，冬季脱落。单叶互生，卵形至卵状长椭圆形，缘有细钝齿，基部3主脉。花两性，单生或密集成腋生聚伞花序，黄绿色，5基数，无毛，具短总花梗。核果矩圆形或长卵圆形，暗红色。花期5～6月，果期9～10月。

**生理习性** 适应性强，喜光，喜干冷气候，也耐湿热，对土壤要求不严，耐干旱瘠薄，也耐低湿。根萌蘖力强，寿命长。

# 五叶地锦

*Parthenocissus quinquefolia*

**形态特征** 落叶木质藤本。老枝灰褐色，幼枝带紫红色，髓白色。卷须与叶对生，卷须总状 5～9 分枝，嫩时顶端尖细而卷曲，遇附着物时扩大为吸盘，顶端吸盘大。掌状复叶，5 小叶，小叶长椭圆形至倒长卵形，顶端尖，基部楔形或阔楔形，边缘有锯齿。圆锥状多歧聚伞花序，花萼碟形，边缘全缘，无毛；花瓣 5，长椭圆形。浆果球形，蓝黑色，被白粉，种子倒卵形。花期 6～7 月，果期 8～10 月。

**生理习性** 喜温暖气候，具有一定的耐寒能力，耐阴、耐贫瘠，对土壤与气候适应性较强，干燥条件下、中性或偏碱性土壤中均可生长。攀援性强。

# 苘麻

*Abutilon theophrasti*

**形态特征** 一年生亚灌木状直立草本，高可达 2m。茎枝被柔毛。叶互生，圆心形，边缘具细圆锯齿，两面均密被星状柔毛，叶柄被星状细柔毛，托叶披针形，早落。花单生于叶腋，花梗被柔毛；花萼杯状，裂片 5，卵状披针形；花黄色，花瓣 5，倒卵形。蒴果半球形。花期 7~8 月，果期 8~9 月。

**生理习性** 生于路旁、荒地、田边。

# 蜀葵

*Alcea rosea*

**形态特征** 二年生直立草本，高可达 2m。全株被刺毛。茎直立，不分枝。叶近圆心形，5～7 掌状裂或波状棱角，边缘有齿，叶面疏被星状柔毛、粗糙，叶背被星状长硬毛或茸毛，托叶卵形，先端具 3 尖。花大，单生于叶腋，排列成总状花序；有红、紫、粉、白等各种颜色；单瓣或重瓣，花瓣倒卵状三角形，先端凹缺，基部狭，爪被长髯毛；雄蕊柱无毛，花丝纤细，花药黄色；花柱分枝多数，微被细毛。蒴果盘状，被短柔毛，具纵槽。花期 6～8 月，果期 7～9 月。

**生理习性** 喜光，耐半阴，抗寒、耐盐碱，忌涝。在疏松肥沃、排水良好、富含有机质的沙质土壤中生长良好。

# 早开堇菜

*Viola prionantha*

**形态特征** 多年生草本，花期高 3～10cm，果期高可达 20cm。无地上茎，叶多数，均基生；叶片在花期多卵状披针形或长圆形，叶缘有钝锯齿，基部微心形、截形、或宽楔形；果期叶片显著增大，三角状卵形。花单生，紫堇色或紫色，喉部色淡有紫色条纹；花梗超出叶，小苞片 2，生花梗中部；萼片 5，基部有附属物，有小齿；花瓣 5，上方花瓣倒卵形，无须毛，向上反曲，侧瓣长圆状倒卵形，内面基部常有须毛或近无毛，下面一瓣末端微向上弯形成距，距粗管状。蒴果长圆形，3 瓣裂。花期 4～5 月，果期 5～8 月。

**生理习性** 生于路边、草地、荒地、林下等地。

堇菜目 堇菜科

# 紫花地丁

*Viola philippica*

**形态特征** 多年生草本，花期高 4～14cm，果期高可达 20cm。无地上茎，叶莲座状基生，下部叶较小，三角状卵形或窄卵形，上部叶较大，圆形、窄卵状披针形或长圆状卵形，先端圆钝，基部平截或楔形，具圆齿，两面无毛或被细毛，果期叶长达 10cm。花中等大，花瓣 5，紫堇色或淡紫色，稀呈白色，喉部色较淡并带有紫色条纹；花瓣倒卵形或长圆状倒卵形，侧瓣内面无毛或有须毛，下瓣连管状距有紫色脉纹，末端不向上弯。蒴果长圆形，淡黄色，3 瓣裂。花果期 4 月中下旬至 9 月。

**生理习性** 生于路边、草地、荒地、林下等地。

# 红瑞木

*Cornus alba*

**形态特征** 落叶灌木，高可达3m。树皮紫红色。幼枝鲜红色，常被蜡状白粉，无毛。单叶对生，纸质，椭圆形，稀卵圆形，先端突尖，基部楔形或阔楔形，边缘全缘或波状反卷，背面灰绿色，被白色贴生短柔毛。伞房状聚伞花序，花小，黄白色，花瓣舌状。核果斜卵圆形，成熟时白色或稍蓝紫色。花期6～7月，果期8～10月。

**生理习性** 喜光，耐半阴，耐寒，耐湿，耐干旱贫瘠，耐修剪。

# 山茱萸

*Cornus officinalis*

**形态特征** 落叶灌木或小乔木，高可达10m。树皮灰褐色，片状剥裂。单叶对生，纸质，卵状椭圆形，先端渐尖，基部近圆形或微心形，全缘，上面疏生平伏毛，下面毛较多。伞形花序腋生，总苞片卵形，带紫色；花小，先叶开放，花瓣4，舌状披针形，黄色，向外反卷；雄蕊与花瓣互生，有肉质花盘，环状，雄蕊4。核果长椭圆形，红色至紫红色。花期3～4月，果期8～10月。

**生理习性** 性强健，喜光，耐半阴，耐寒，耐干旱。

# 杜鹃花

*Rhododendron simsii*

**形态特征** 落叶灌木，高可达2～7m。枝叶及花梗均密被黄褐色粗伏毛。叶革质，常集生枝端，长椭圆形，先端锐尖，基部楔形，边缘微反卷，具细齿，上面深绿色，疏被糙伏毛，下面淡白色，密被褐色糙伏毛。花2～6簇生枝顶，花萼5深裂；花冠阔漏斗形，深红色，有紫斑，5裂。蒴果卵球形。花期4～5月，果期6～8月。

**生理习性** 喜凉爽、湿润、通风的半阴环境及酸性土壤。

# 点地梅

*Androsace umbellata*

**形态特征** 一年生草本，高 5～15cm。全株被长柔毛。叶莲座形基生，卵圆形或近圆形，边缘有钝齿。花莛数条从基部抽出，花序伞形，具花 4～15 朵；花梗纤细，被柔毛和短柄腺体；花萼杯状，5 深裂；花冠白色，喉部黄色，5 裂，裂片倒卵状长圆形。蒴果扁卵球形。花期 4～5 月，果期 6 月。

**生理习性** 喜湿润、温暖、向阳环境和肥沃土壤，抗寒，耐瘠薄。

# 美国红梣

*Fraxinus pennsylvanica*

**形态特征** 落叶乔木，高可达20m。树皮灰褐色，粗糙，纵裂。小枝红棕色，圆柱形，被黄色柔毛或秃净，老枝红褐色，光滑无毛。奇数羽状复叶对生，小叶7～9片，薄革质，卵状长椭圆形至披针形，叶缘有不明显钝齿或近全缘，上面无毛，下面疏被绢毛，小叶近无柄，秋叶金黄色。花密集，雄花与两性花异株，与叶同时开放；圆锥花序侧生于去年枝上，有花萼，无花冠；雄花花萼小，萼齿不规则深裂，花药大，长圆形，花丝短；两性花花萼较宽，萼齿浅裂，花柱细，柱头2裂。翅果狭倒披针形，花期4月，果期8～10月。

**生理习性** 喜光，耐寒，耐水湿，抗冬春干旱和盐碱力强，生长较快，发叶迟而落叶早。

# 连翘

*Forsythia suspensa*

**形态特征** 落叶灌木，高可达 3m。枝细长并开展成拱形，节间中空，节部有隔板，皮孔多而显著。单叶对生，卵形或卵状椭圆形，缘有齿，有少数叶 3 裂或裂成 3 小叶状。花通常单生或 2 至数朵着生于叶腋，先于叶开放；花萼绿色，裂片长圆形或长圆状椭圆形，先端钝或锐尖，边缘具睫毛，与花冠管近等长；花冠亮黄色，钟形，4 深裂，裂片倒卵状长圆形或长圆形。蒴果卵球形。花期 3～4 月，果期 8～10 月。

**生理习性** 喜光，耐寒，喜温暖湿润环境，对土壤要求不严，耐干旱贫瘠，怕涝。

# 紫丁香

*Syringa oblata*

**形态特征** 落叶灌木或小乔木，高可达4～5m。枝条粗壮无毛，单叶对生，革质或厚纸质，广卵形，通常宽大于长，端尖锐，基部心形、平截或宽楔形，全缘，两面无毛。圆锥花序直立，由侧芽抽生；花冠高脚碟状或漏斗状，紫堇色，浓香，花细小如丁，萼钟状，瓣4裂，裂片直角开展，花药黄色，位于花冠筒喉部。蒴果长圆形，种子有翅。花期4～5月，果期8～10月。

**生理习性** 喜光，稍耐阴，耐寒，耐旱，耐瘠薄，忌低湿。

木犀目 木犀科

# 暴马丁香

*Syringa reticulata* subsp. *amurensis*

**形态特征** 落叶乔木，高可达10m。树皮紫灰色，粗糙，皮孔明显，常不开裂。单叶对生，叶片厚纸质，卵形至阔卵形，先端短尾尖至尾状渐尖或锐尖，基部圆形或近心形，全缘。大型圆锥花序由1到多对着生于同一枝条上的侧芽抽生，花序轴、花梗和花萼均无毛；花萼萼齿钝、凸尖或截平；花冠白色或黄白色、筒短，呈辐状，裂片4，卵形，先端锐尖；花丝与花冠裂片近等长或长于裂片，花药黄色；花芳香。蒴果长圆形、平滑或有疣状突起。花期5～6月，果期9月。

**生理习性** 喜光，也能耐阴，耐寒，耐旱，耐瘠薄。

# 流苏树

*Chionanthus retusus*

**形态特征** 落叶灌木或小乔木，高 6～20m。树皮灰褐色，薄片状剥裂。幼枝淡黄色或褐色，被柔毛。单叶对生，叶革质或薄革质，卵形至倒卵状椭圆形，先端圆钝，有时凹下或尖，基部圆或宽楔形，全缘或偶有小锯齿。花单性异株，聚伞状圆锥花序顶生，花冠白色，4 深裂，裂片线形或倒披针形，雄蕊内藏或稍伸出。核果椭圆形，蓝黑色。花期 5～6 月，果期 9～10 月。

**生理习性** 喜光，不耐阴，耐寒，耐旱，耐瘠薄，对土壤要求不严，不耐水涝。生长较慢。

木犀目 木犀科

# 迎春花

*Jasminum nudiflorum*

**形态特征** 落叶灌木，高可达2～3m。小枝细长拱形，绿色，4棱，棱上多少具窄翼。三出复叶对生，小枝基部常具单叶，幼叶两面稍被毛，老叶仅叶缘具睫毛；小叶卵形或椭圆形，先端具短尖头，基部楔形。花黄色，早春叶前开放，单生于去年生小枝叶腋，稀生于小枝顶端；苞片小叶状，披针形、卵形或椭圆形，花萼绿色，裂片5～6，窄披针形，先端锐尖；花冠黄色，5～6裂，长圆形或椭圆形，先端锐尖或圆钝。无果。花期3月。

**生理习性** 喜光，略耐阴，不耐寒。对土壤要求不严，耐旱，怕涝，较耐碱。

# 荇菜

*Nymphoides peltata*

**形态特征** 多年生浮叶水生草本。茎圆柱形，密生褐色斑点，多分枝，节上生根。上部叶近对生，下部叶互生，叶片飘浮，近革质，圆形或卵圆形，基部心形，全缘，有不明显的掌状叶脉，下面紫褐色，叶柄圆柱形，基部变宽，抱茎。伞形花序束生于叶腋，花常多数，金黄色，具梗；花冠5深裂，边缘呈圆齿状，有睫毛，花筒喉部有细毛，雄蕊5枚。蒴果长椭圆形，种子边缘具纤毛。花果期5～9月。

**生理习性** 生于池沼、湖泊、沟渠、稻田、河流中。

# 罗布麻

*Apocynum venetum*

**形态特征** 多年生草本或亚灌木，高可达3m，植株体内具白色乳汁。茎直立，有分枝。叶对生，椭圆状披针形，边缘具细齿，具短叶柄。聚伞花序顶生，花冠钟状，粉色，花瓣下部合生，上部5裂；萼片下部合生，上部深5裂；雄蕊5枚，雌蕊常不明显。蓇葖果狭长。花期6～8月，果期7～9月。

**生理习性** 生于路旁、水边、盐碱地。

# 萝藦

*Cynanchum rostellatum*

**形态特征** 多年生草质藤本植物，长可达8m。具白色乳汁。茎缠绕，圆柱状，下部木质化，上部较柔韧，表面淡绿色，有纵条纹。叶对生，具长柄，卵状心形，全缘。总状式聚伞花序腋生或腋外生，具长总花梗；花多数，花冠白色或淡紫色，5裂，内面被柔毛。蓇葖果双生，纺锤形，具瘤状突起。种子扁平，顶端具种毛。花期6～8月，果期7～9月。

**生理习性** 生于林边荒地、河边、路旁、灌木丛中。

# 地梢瓜

*Cynanchum thesioides*

**形态特征** 多年生草本，高可达 25cm。茎细弱，自基部分枝，具柔毛。单叶对生或近对生，线形。伞形聚伞花序腋生，3～8 朵花；花萼 5 裂；花冠黄白色，5 深裂，外面被柔毛。蓇葖果纺锤形，先端渐尖。种子扁平，暗褐色；种毛白色绢质。花期 5～8 月，果期 8～10 月。

**生理习性** 生于林下、荒地、田边等处。

# 茜草

*Rubia cordifolia*

**形态特征** 多年生攀缘草本，长可达3.5m。茎细长，多分枝，方柱形，棱上倒生皮刺。叶4枚轮生，纸质，披针形或长圆状披针形，叶脉5条，叶柄、叶脉、叶缘有倒生刺。聚伞花序腋生或顶生，有花数十朵，花序和分枝均细瘦，花冠淡黄色，辐射对称，下部合生，上部5裂。浆果球形，橘黄色。花期4~8月，果期6~9月。

**生理习性** 生于疏林、林缘、灌丛或草地上。

# 圆叶牵牛

*Ipomoea purpurea*

**形态特征** 一年生草本，全株被粗硬毛。茎缠绕，多分枝。叶互生，圆心形或宽卵状心形，全缘。花腋生，着生于花序梗顶端，单生或组成伞形聚伞花序；花序梗比叶柄短或近等长；苞片线形；萼片渐尖；花冠漏斗状，紫红色、红色或白色等，常具5条深深条纹，花冠管通常白色。蒴果近球形，花期5～10月，果期8～11月。

**生理习性** 生于田边、路边、宅旁或林地。

# 田旋花

*Convolvulus arvensis*

**形态特征** 多年生草本。茎缠绕或贴地蔓生，具棱角和条纹。有分枝。叶互生，戟形或箭形，基部有2个小侧裂片，微尖，开展或呈耳形，中裂片较长，披针状长椭圆形 、狭三角形、披针状椭圆形或线形，全缘。花1～3朵腋生；花梗细弱；苞片线形，与萼远离；萼片倒卵状圆形；花冠漏斗形，粉红色、白色，外面有柔毛，褶上无毛，有不明显的5浅裂。蒴果球形。花期5～8月，果期7～9月。

**生理习性** 生于耕地及荒坡草地、村边路旁。

# 打碗花

*Calystegia hederacea*

**形态特征** 一年生草本，高可达40cm。茎缠绕或贴地蔓生，有细棱，分枝。叶互生，茎基部叶长圆形，先端圆，基部戟形，茎上部叶三角状戟形，侧裂片常2裂，中裂片披针状或卵状三角形，两面无毛。花单生叶腋，苞片2，卵圆形，包住花萼，宿存；萼片5，矩圆形，稍短于苞片；花冠漏斗状，淡粉色或白色。蒴果卵球形。花期6～9月，果期8～10月。

**生理习性** 生于房前屋后、路旁、田地、草丛。

# 菟丝子

*Cuscuta chinensis*

**形态特征** 一年生寄生草本。茎缠绕，黄色，纤细，叶退化。花序侧生，簇生成伞形花序；花萼杯状，中部以下连合，裂片三角状，顶端钝；花冠白色，壶形，裂片三角状卵形，顶端锐尖或钝，向外反折，宿存；雄蕊 5，着生于花冠裂片弯缺微下处；花柱 2。蒴果球形。花期 7～8 月，果期 8～9 月。

**生理习性** 生于田边、灌丛、路边。

# 天蓝绣球

*Phlox paniculata*

**形态特征** 多年生草本，高可达 1m。茎直立，单一或上部分枝，粗壮。叶交互对生，有时 3 叶轮生，长圆形或卵状披针形，先端渐尖，基部楔形，无叶柄或有短柄，全缘，两面疏被短柔毛。伞房状圆锥花序，多花密集成顶生；花梗和花萼近等长；筒状花萼；花冠高脚碟状，淡红、红、白、紫等色。蒴果卵形，种子多数，黑色或褐色。

**生理习性** 喜温暖、湿润、阳光充足或半阴的环境。不耐热，耐寒，忌烈日暴晒，不耐旱，忌积水。宜在疏松、肥沃、排水良好的中性或碱性的砂质壤土中生长。

# 斑种草

*Bothriospermum chinense*

**形态特征** 一年生草本，高不过40cm。全株有硬毛。具基生叶，茎上叶互生，基生叶及茎下部叶具长柄，匙形或倒披针形，两面有短糙毛。聚伞花序顶生，被毛，具卵形或狭卵形苞片；花萼外面密生向上开展的硬毛及短伏毛，裂片披针形，裂至近基部；花冠淡蓝色；花瓣5，下部合生，喉部具5枚半月形附属物。小坚果肾形。花期4～5月，果期5～6月。

**生理习性** 生于田野、路旁、荒草地或林缘、灌木林间。

# 附地菜

*Trigonotis peduncularis*

**形态特征** 一年生草本，高可达 30cm。茎丛生，基部多分枝，被短糙伏毛。基生叶呈莲座状，有叶柄，叶片匙形，先端圆钝，基部楔形或渐狭，两面被糙伏毛；茎上部叶长圆形或椭圆形，无叶柄或具短柄。聚伞花序顶生，幼时卷曲，后渐次伸长；花萼具 5 卵形裂片；花冠淡蓝色或粉色，花瓣 5，下部合生，喉部具 5 枚黄色鳞片状附属物。小坚果斜三棱锥状四面体形。花期 4～5 月，果期 5～6 月。

**生理习性** 生于田野、路旁、荒草地或林缘、灌木林间。

# 荔枝草

*Salvia plebeia*

**形态特征** 一年生或二年生草本，高可达 90cm。茎四棱，被向下的疏柔毛。叶对生，椭圆状卵形或披针形，边缘具圆齿、牙齿或尖锯齿，表面极皱，被毛。轮伞花序具 6 花，密集成顶生的假圆锥花序；苞片披针形，细小；花萼钟状，被柔毛及稀疏黄褐色腺点；花冠唇形，淡红色至蓝紫色，上唇长圆形，下唇中裂片宽倒心形，侧裂片近半圆形。小坚果倒卵圆形，花期 4～5 月，果期 6～7 月。

**生理习性** 生于路旁、沟边、田野潮湿的土壤上。

# 夏至草

*Lagopsis supina*

**形态特征** 多年生草本，高可达35cm。茎四棱，带淡紫色，密被微茸毛。叶对生，半圆形、圆形或倒卵形，先端圆，基部心形，掌状3浅裂或深裂，两面密被毛，裂片具圆齿或长圆状牙齿。轮伞花序腋生，花萼管状钟形；花冠小，白色，二唇形，上唇长圆形，直伸，全缘，下唇平展，3裂，中裂片扁圆形，侧裂片椭圆形。小坚果卵圆状三棱形。花期3~5月，果期5~6月。

**生理习性** 生于路旁、田野、荒地上。

# 木龙葵

*Solanum scabrum*

**形态特征** 一年生草本，高可达 1.2m。茎直立，多分枝。叶互生，卵形，先端短尖，基部楔形至阔楔形而下延至叶柄，全缘或有不规则的波状粗齿，两面光滑或有疏短柔毛。聚伞花序腋外生，有花 4～10 朵；花萼小，浅杯状；花冠白色，辐状，筒部短，隐于萼内，裂片 5，卵状三角形；雄蕊 5；子房卵形，花柱中部以下有白色茸毛，柱头小，头状。浆果球形，成熟后为黑紫色。花期 5～10 月，果期 6～11 月。

**生理习性** 生于路旁、田地、草丛、林下等。

# 兰考泡桐

*Paulownia elongata*

**形态特征** 落叶乔木，高可达10m以上。树冠宽圆锥形，全体具星状茸毛；小枝褐色，有凸起的皮孔。叶对生，常卵状心形，有时具不规则的角，基部心形或近圆形。聚伞花序组成大型花序，常为塔形；萼倒圆锥形，5裂至1/3处；花冠漏斗状唇形，紫色至粉白色。蒴果卵状椭圆形，顶端具喙，种子具翅。花期4～5月，果期9～10月。

**生理习性** 喜光，喜肥，怕旱，怕淹。

# 地黄

*Rehmannia glutinosa*

**形态特征** 多年生草本，高可达30cm。根茎肉质，鲜时黄色，故名。全株密被白色长腺毛。叶基生，莲座状，叶片倒卵形至长椭圆形，边缘有不整齐钝锯齿，上面有皱纹，下面略带紫色。总状花序顶生，具苞片，花稍下垂；萼5浅裂；花冠外紫红色，内黄紫色，两面均被长柔毛，唇形，上唇裂片反折，下唇3裂片开展。蒴果卵形至长卵形。花果期4～7月。

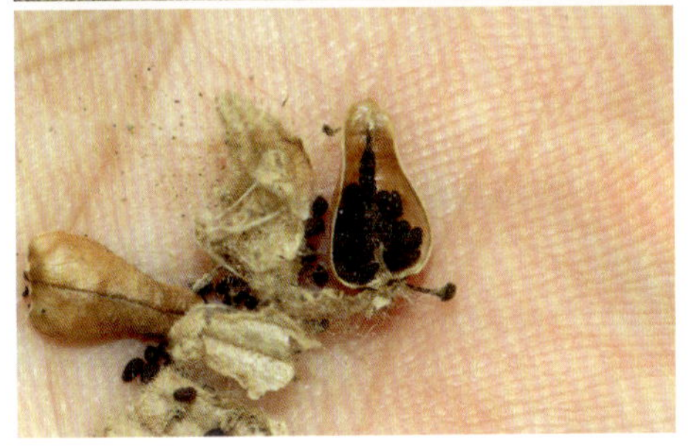

**生理习性** 生于林缘、荒地、墙边、路旁等处。

# 楸

*Catalpa bungei*

**形态特征** 落叶乔木，高可达30m。树冠狭长倒卵形，树皮灰褐色，浅纵裂。小枝灰绿色，无毛。叶对生或轮生，三角状卵形、卵状长椭圆形，先端渐长尖，掌状3出脉，全缘或基部有1～4对尖齿或裂片，两面无毛。总状花序伞房状排列，顶生；花冠浅粉紫色，内有紫红色斑点。蒴果细长，下垂。花期4～6月，果期6～10月。

**生理习性** 喜光，较耐寒，不耐干旱、积水，稍耐盐碱。萌蘖性强，幼树生长慢，10年以后生长加快，侧根发达。耐烟尘，抗有害气体能力强。寿命长。

# 梓

*Catalpa ovata*

**形态特征** 落叶乔木，高可达 15m。叶对生或三叶轮生，广卵形，常 3～5 浅裂，基部心形，背面无毛，基部叶脉有 4～6 个紫斑。圆锥花序顶生，花萼圆球形，2 唇开裂；花冠钟状，浅黄色，二唇形，上唇 2 裂，下唇 3 裂，边缘波状，筒部内有 2 黄色条带及暗紫色斑点。蒴果线形，下垂，深褐色，冬季不落。花期 5～6 月，果期 7～9 月。

**生理习性** 适应性较强，喜温暖，也能耐寒。土壤以深厚、湿润、肥沃的夹沙土较好。不耐干旱瘠薄。抗污染能力强，生长较快。

# 大车前

*Plantago major*

**形态特征** 二年生或多年生草本。具须根系。 叶基生呈莲座状，草质、薄纸质或纸质，宽卵形或宽椭圆形，两面疏生短柔毛或近无毛，脉 3～7 条；叶柄基部鞘状，常被毛。穗状花序 1 至数个，基部常间断；花序梗被短柔毛或柔毛；苞片宽卵状三角形；花无梗；花萼裂片先端圆；花冠白色，雄蕊着生花冠筒内面近基部，花药通常初为淡紫色，稀白色，干后变淡褐色。蒴果近球形、卵球形或宽椭圆球形。花期 6～9 月，果期 7～10 月。

**生理习性** 适应性强，耐寒，耐旱，耐瘠薄，对土壤要求不严，在温暖、潮湿、向阳、砂质沃土上生长良好。

# 金叶接骨木

*Sambucus canadensis* 'Aurea'

**形态特征** 落叶灌木，高 4m 左右。奇数羽状复叶对生，小叶 5～11 片，卵形、椭圆形或卵状披针形，先端渐尖，基部偏斜阔楔形，边缘有较粗锯齿，两面无毛；揉碎后有臭味；初生叶金黄色，成熟叶黄绿色。圆锥花序顶生，花萼钟形，5 裂，裂片舌状；花冠辐射状，5 裂，裂片倒卵形，白色。浆果鲜红色。花期 4～5 月，果期 7～9 月。

**生理习性** 喜光，耐寒，耐旱，根系发达，萌蘖性强，忌水涝。宜植于阳光充足、中等肥力、富含腐殖质、湿润、排水良好的土壤。

# 欧洲荚蒾

*Viburnum opulus*

**形态特征** 落叶灌木，高可达4m。老枝和茎干暗灰色，树皮质薄而非木栓质，常纵裂。当年小枝有棱，无毛，有凸起皮孔。叶圆卵形、宽卵形或倒卵形，3 裂，掌状 3 出脉，裂片先端渐尖，具粗牙齿。 复伞形聚伞花序，边缘有大型不孕花，总花梗粗；萼筒倒圆锥形，萼齿三角形；花冠白色，裂片近圆形，筒部与裂片几等长，内被长柔毛；花药黄白色；不孕花白色，有长梗，裂片宽倒卵形。核果熟时红色，近圆形。 花期 5~6 月，果期 9~10 月。

**生理习性** 喜光，耐寒，喜湿润肥沃的土壤。

# ‘红王子’锦带花

*Weigela* ‘Red Prince’

**形态特征** 落叶灌木，高可达3m。幼枝有2列短柔毛。叶对生，具短柄或近无柄，椭圆形至倒卵状椭圆形，顶端渐尖，基部近圆形至楔形，边有锯齿，上面疏生短柔毛尤以中脉为甚，下面的毛较上面密。聚伞花序生于短枝叶腋和顶端；花大，鲜红色；萼筒5裂，下部合生；花冠漏斗状钟形，外疏生微毛，裂片5；雄蕊5，着生于花冠中部以上，稍短于花冠。蒴果顶有短柄状喙，疏生柔毛。种子微小而多数。花期4～7月，果期8～10月。

**生理习性** 喜光，也稍耐阴，耐寒，耐旱，忌水涝，适应性强，抗逆性强，对土壤要求不严，抗盐碱，抗病虫，萌芽力、萌蘖力均强，生长迅速，耐修剪。

# 忍冬

*Lonicera japonica*

**形态特征** 多年生半常绿木质藤本。小枝细长，中空，有柔毛。叶对生，卵形或椭圆形，幼时两面有柔毛，后上面无毛。花成对生于叶腋，苞片叶状；花冠初为白色，渐变为黄色，有淡香，外面有柔毛和腺毛，二唇形，上唇有直立的四裂片，下唇反转。浆果球形，熟时黑色。花期 4～6 月，果成熟期 10～11 月。

**生理习性** 适应性很强，喜光，耐阴，耐寒性强，也耐干旱和水湿，对土壤要求不严，但以湿润、肥沃的深厚砂质壤土上生长最佳。根系繁密发达，萌蘖性强，茎蔓着地即能生根。

# 金银忍冬

*Lonicera maackii*

**形态特征** 落叶灌木，高可达 6m。小枝髓黑褐色，后变中空。单叶对生，纸质，卵状椭圆形至卵状披针形，顶端渐尖，两面脉上有毛。花芳香，成对生于幼枝叶腋；花冠二唇形，初开时白色，后变黄色，外被短伏毛或无毛，冠筒长约为唇瓣 1/2，内被柔毛。浆果球形，熟时红色。花期 5～6 月，果成熟期 8～10 月。

**生理习性** 性强健。喜光，也耐阴，耐旱，耐寒，耐瘠薄，喜湿润肥沃的深厚土壤。对光照、土壤、水分、温度等条件具有较强的适应力。

# 联毛紫菀

*Symphyotrichum novi-belgii*

**形态特征** 多年生草本，高30～80cm。有地下走茎。地上茎直立，多分枝，被稀疏短柔毛。叶长圆形至条状披针形，先端渐尖，基部渐狭，全缘或有浅锯齿；上部叶无柄，基部微抱茎，花序下部叶较小。头状花序顶生，总苞钟形，舌状花蓝紫色、紫红色等，管状花黄色。瘦果长圆形。花果期8～10月。

**生理习性** 生于草地、林缘、湿地。

# 一年蓬

*Erigeron annuus*

**形态特征** 一年生或二年生草本植物，高可达 1m。茎直立，分枝，被毛。叶互生，宽披针形，边缘具齿，两面略被毛，具短叶柄或近无叶柄。头状花序数个或多数，排列成疏圆锥花序，总苞半球形；外围舌状花白色或淡天蓝色，两层，线形；中央管状花黄色，5 裂。瘦果披针形，冠毛异型。花期 6～9 月，果期 7～10 月。

**生理习性** 生于路旁、旷野、田地、林缘处。

桔梗目 菊科

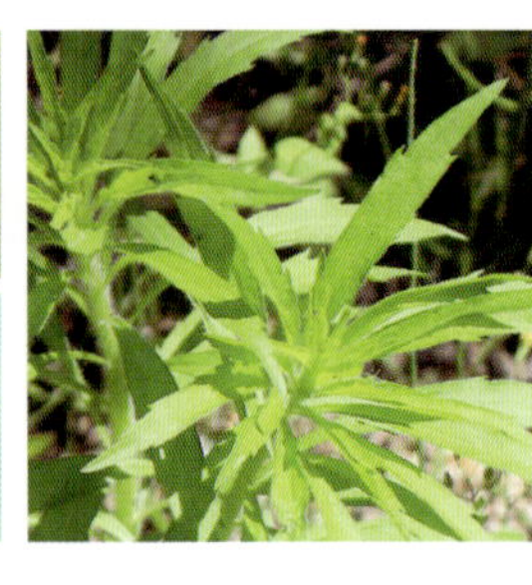

# 小蓬草

*Erigeron canadensis*

**形态特征** 一年生草本植物，高可达 1m 或更高。茎直立圆柱状，有条纹，被疏长硬毛，上部多分枝。叶密集互生，条状披针形，近无柄或无柄。头状花序多数，小，有短梗，在茎端密集成圆锥状；总苞近圆柱状；舌状花雌性，白色，管状花两性，淡黄色。瘦果线状披针形，冠毛污白色。花期 5~9 月。

**生理习性** 生于路旁、草地、农田、荒地等。

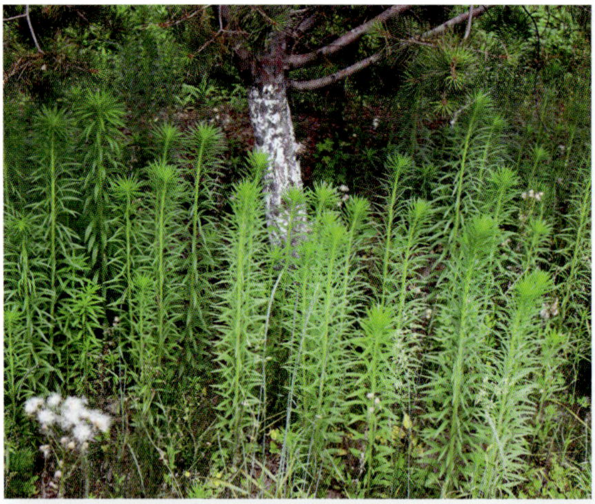

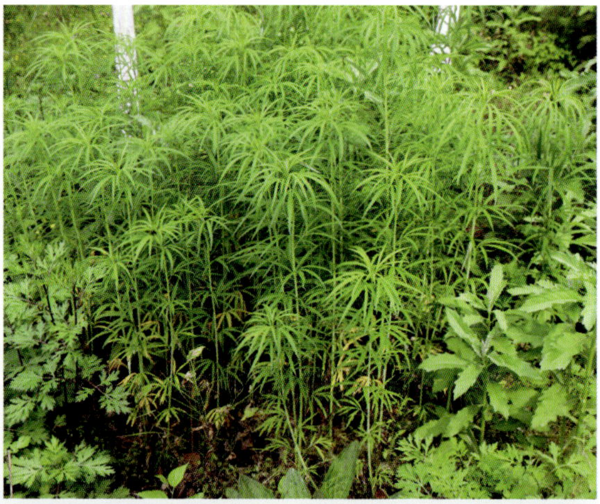

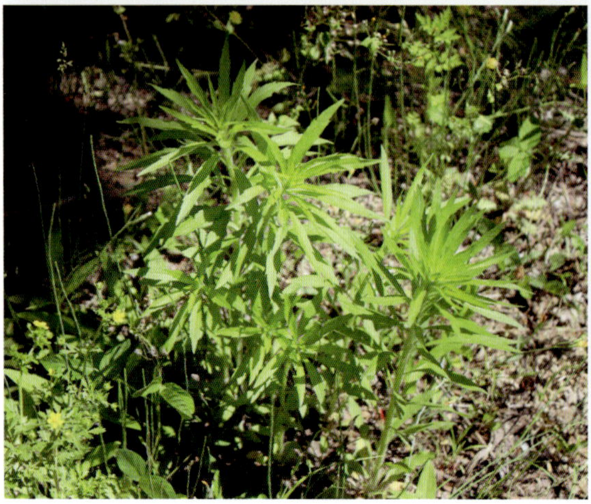

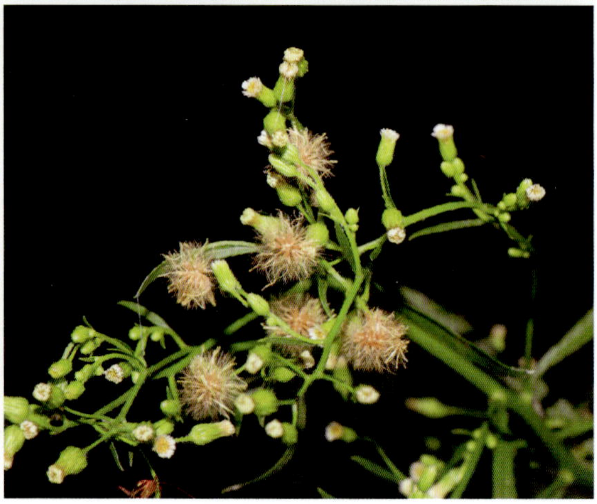

# 旋覆花

*Inula japonica*

**形态特征**　多年生草本，高可达 70cm。茎直立，分枝，略被毛。叶互生，椭圆形、椭圆状披针形或窄长椭圆形，基部常有圆形半抱茎小耳，全缘或具疏锯齿。头状花序顶生，排成疏散伞房花序，花序梗细长；总苞半球形；舌状花与管状花均黄色，舌状花较总苞长 2～2.5 倍，舌片线形，管状花冠毛白色，有 20 余微糙毛，与管状花近等长。瘦果长椭圆形。花期 7～10 月，果期 8～11 月。

**生理习性**　生于山坡、路旁或田边。

# 剑叶金鸡菊

*Coreopsis lanceolata*

**形态特征** 一年生草本。茎无毛或基部被软毛，上部有分枝；茎基部叶成对簇生，叶匙形或线状倒披针形；茎上部叶少数，线形或线状披针形，无柄，全缘或3深裂，裂片长圆形或线状披针形，顶裂片较大。头状花序单生茎端，总苞片近等长，披针形；舌状花黄色，舌片倒卵形或楔形；管状花窄钟形。瘦果圆形或椭圆形，边缘有宽翅，顶端有2短鳞片。花果期5～10月。

**生理习性** 耐旱，耐涝，耐寒，耐热，耐瘠薄，适宜性极强。

# 秋英

*Cosmos bipinnatus*

**形态特征**　一年生或多年生草本，高可达2m。茎直立，无毛或稍被柔毛。叶羽状全裂，裂片线形或丝状线形。头状花序单生，舌状花紫红色、粉红色或白色，舌片椭圆状倒卵形，有3～5钝齿；管状花黄色，管部短，上部圆柱形，有披针状裂片。瘦果黑紫色。花期6～8月，果期9～10月。

**生理习性**　喜光，耐旱，耐贫瘠，忌炎热，忌积水。

桔梗目 菊科

# 天人菊

*Gaillardia pulchella*

**形态特征** 一年生草本，高可达60cm。茎中部以上多分枝，被短柔毛或锈色毛。下部叶匙形或倒披针形，边缘波状钝齿、浅裂至琴状分裂，先端急尖，近无柄；上部叶长椭圆形、倒披针形或匙形，叶两面被伏毛。头状花序，总苞片披针形；舌状花黄色，基部带紫色，舌片宽楔形，顶端2～3裂；管状花裂片三角形，被节毛。瘦果，基部被长柔毛。花果期6～8月。

**生理习性** 性强韧，喜光，也耐半阴，耐干旱炎热、耐风、抗潮，不耐寒，宜排水良好的疏松土壤。

# 甘菊

*Chrysanthemum lavandulifolium*

**形态特征** 多年生草本，高可达1.5m。茎直立，上部多分枝。茎枝有稀疏的柔毛。叶卵形、宽卵形或椭圆状卵形，二回羽状分裂，第一回全裂或几全裂，侧裂片2～3对，第二回为半裂或浅裂。头状花序在茎枝顶端排成复伞房花序；总苞碟形；舌状花与管状花均黄色。瘦果倒卵形，无冠毛。花果期9～10月。

**生理习性** 喜温暖湿润气候、喜光，忌遮荫。耐寒，稍耐旱，怕水涝，喜肥。

# 茵陈蒿

*Artemisia capillaris*

**形态特征** 多年生草本，高可达 1m。植株有浓烈的香气。茎、枝初密被灰白或灰黄色绢质柔毛；枝端有密集叶丛，基生叶常成莲座状；叶卵圆形或卵状椭圆形，二回羽状全裂，下部叶裂片较宽短，中上部叶裂片较细而直，线形或线状披针形。头状花序卵圆形，稀近球形，极多数，在茎上端组成大型、开展圆锥花序；总苞片淡黄色，无毛；雌花 6～10 朵，花冠狭管状或狭圆锥状；两性花 3～7 朵，花冠管状，不育。瘦果长圆形或长卵形。花期 9～10 月，果期 10～11 月。

**生理习性** 生于林缘、路旁、草地处。

# 黄花蒿

*Artemisia annua*

**形态特征** 一年生草本，高可达2m，植株有浓烈的香气。茎单生，多分枝。叶纸质，基部及下部叶在花期枯萎，中部叶卵形，3 回羽状深裂。头状花序球形，极多数，有短梗，排列成复总状或总状；总苞球形，总苞片 3～4 层；花管状，深黄色，外层雌性，内层两性。瘦果小，椭圆状卵形，略扁，无冠毛。花果期 8～11 月。

**生理习性** 生于路旁、荒地、田地、林缘处。

# 刺儿菜

*Cirsium arvense* var. *integrifolium*

**形态特征** 多年生草本，高可达1m。茎直立，有棱，多有分枝，被绵毛。叶互生，椭圆形或长椭圆状披针形，边缘有刺，两面有疏生的蛛丝状毛，无叶柄。头状花序单个或数个顶生，成伞房状；总苞片约6层，覆瓦状排列，圆形或卵形，先端针刺状；雌花大，两性花小，均为管状，紫红色。瘦果倒卵形，冠毛白色。花果期5~8月。

**生理习性** 生于路旁、草地、农田、草坪、墙角、荒地等。

# 泥胡菜

*Hemisteptia lyrata*

**形态特征** 二年生草本，高可达 80cm。茎直立，分枝，略被毛。基生叶莲座状，长椭圆形或倒披针形，提琴状羽裂，下面被白色蛛丝状毛；中上部叶椭圆形，渐小。头状花序在茎枝顶端排成疏松伞房花序；总苞球形，外层总苞片背面顶端有紫红色鸡冠状突起；花全为管状，紫色。瘦果圆柱形，冠毛白色。花果期 3～8 月。

**生理习性** 生于路旁、荒地、田间、水边。

# 长喙婆罗门参

*Tragopogon dubius*

**形态特征** 二年生草本，高可达 1m。茎直立，无毛。叶披针形至线形。头状花序单生茎顶，总苞片长于舌状花，等于或长于瘦果顶端的芒尖；舌状花黄色。瘦果浅褐色，冠毛污白色。花果期 4～6 月。

**生理习性** 生于河边、草地、荒地。零星分布。

# 蒲公英

*Taraxacum mongolicum*

**形态特征** 多年生草本，高可达 30cm。全株具白色乳汁。叶全基生，卵状披针形、倒披针形或长圆状披针形，边缘有时具波状齿或逆向羽状深裂，基部渐狭成叶柄，叶柄及主脉常带红紫色。花莛数个，头状花序，总苞钟状；全为舌状花，黄色，舌片顶端有 5 个小齿。瘦果倒卵状披针形，冠毛白色，花果期 4～10 月。

**生理习性** 生于草地、路边、田野、河滩。

桔梗目 菊科

# 翅果菊

*Lactuca indica*

**形态特征** 一年生或二年生草本，高可达2m。全株具白色乳汁，茎直立，单生，上部分枝，全部茎枝无毛。叶形多变，线状长椭圆形、长椭圆形或倒披针状长椭圆形，不分裂或羽状浅裂至深裂，边缘有缺刻状锯齿，基部扩大，戟形半抱茎。头状花序沿茎枝顶端排成圆锥花序，全为舌状花，黄色或淡黄色。瘦果黑色，椭圆形。花果期4～11月。

**生理习性** 喜温、抗旱、怕涝，喜微酸性至中性土壤。

# 尖裂假还阳参

*Crepidiastrum sonchifolium*

**形态特征** 多年生草本，高可达80cm。全株具白色乳汁，上部多分枝。基部叶莲叶状，倒匙形，边缘具牙齿；茎生叶无叶柄，基部耳形抱茎，先端长尾状尖。头状花序组成伞房状圆锥花序；舌状花多数，黄色。瘦果纺锤形，有喙，冠毛白色。花果期5～7月。

**生理习性** 生于田间、路旁、草地、林下等。

# 中华苦荬菜

*Ixeris chinensis*

**形态特征** 多年生草本，高不过30cm。全株具白色乳汁。茎少数或多数簇生，直立或斜生。基生叶莲座状，条状披针形、倒披针形或条形，先端尖或钝，基部渐狭成柄，全缘或不规则分裂，灰绿色。头状花序顶生，伞房状排列；舌状花黄色。瘦果狭披针形，冠毛白色。花果期4～9月。

**生理习性** 生于田间、地头、路边、林下等。

# 早园竹

*Phyllostachys propinqua*

**形态特征** 多年生草本，竿高可达 8m。幼竿绿色，光滑无毛，被以渐变厚的白粉；竿环、箨环均略隆起。箨鞘背面淡红褐色或黄褐色，有时带绿色，有紫斑，无毛，被白粉，上部边缘常枯焦；箨舌淡褐色，弧形。小枝具 3～5 叶，叶舌强烈隆起，先端拱形，被微纤毛；叶片披针形或带状披针形。

**生理习性** 喜温暖、湿润气候，略耐寒，适应性较强，轻盐碱地、沙土极低洼地均能生长，以湿润肥沃土壤生长最好。

# 早熟禾

*Poa annua*

**形态特征** 一年生或冬性禾草，高可达30cm。秆直立或倾斜，质软，平滑无毛。叶鞘稍压扁，叶片扁平或对折，质地柔软，常有横脉纹，顶端急尖呈船形，边缘微粗糙。圆锥花序宽卵形，小穗卵形，含小花，绿色；颖质薄，外稃卵圆形，顶端与边缘宽膜质，花药黄色。颖果纺锤形，花期4～5月，果期6～7月。

**生理习性** 喜光，耐旱性、耐阴性较强，耐瘠薄，不耐水湿，抗热性较差。对土壤要求不严，喜微酸性至中性土壤。

# 芦苇

*Phragmites australis*

**形态特征** 多年水生或湿生草本，高可达 3m。秆粗壮，具白粉。叶带状披针形，顶端渐尖，无毛，革质，边缘粗糙；叶鞘圆筒形，无毛或具细毛，叶舌极短。大型圆锥花序，长可达 45cm 以上，有纤细分枝；小穗通常 4～7 花，小花基盘具长柔毛。颖果长圆形。花果期 7～11 月。

**生理习性** 生长于池沼、河岸、溪边浅水地区，常形成苇塘。

# 狗尾草

*Setaria viridis*

**形态特征** 一年生草本，高10～100cm。秆直立或基部膝曲。叶鞘松弛，无毛或疏具柔毛或疣毛；叶舌极短；叶片扁平，长三角状狭披针形或线状披针形，通常无毛。圆锥花序紧密呈圆柱状或基部稍疏离；直立或稍弯垂，主轴被较长柔毛，每簇刚毛约9条，绿色、黄色或紫色。小穗椭圆形，顶端钝。颖果。花果期5～10月。

**生理习性** 生于荒野、路旁及田间。

# 白茅

*Imperata cylindrica*

**形态特征** 多年生草本，高可达 80cm。秆直立，节无毛。叶鞘聚集于秆基，叶舌膜质，秆生叶片窄线形，通常内卷，顶端渐尖呈刺状，下部渐窄，质硬，基部上面具柔毛。圆锥花序稠密，第一外稃卵状披针形，第二外稃与其内稃近相等，卵圆形，顶端具齿裂及纤毛；花柱细长，紫黑色。颖果椭圆形，花果期 4～6 月。

**生理习性** 适应性强，耐阴，耐干旱瘠薄，喜湿润疏松土壤，在适宜的条件下，根状茎可长达 2～3m 以上，能穿透树根，断节再生能力强。

# 鸭跖草

*Commelina communis*

**形态特征** 一年生草本。茎匍匐生根，多分枝，长可达1m。下部无毛，上部被短毛。单叶互生，披针形至卵状披针形，基部有白色的膜质叶鞘。聚伞花序，有花数朵；花蓝色，两性；总苞片佛焰苞状，与叶对生，折叠，镰刀状弯曲；萼片3，膜质；花瓣3，深蓝色，分离，侧生两片较大，圆形，下面1枚很小。蒴果椭圆形。花果期6~10月。

**生理习性** 生于路旁、田间、林缘、荒地。零星分布。

# 洮南灯心草

*Juncus taonanensis*

**形态特征** 多年生草本，高 5～20cm。茎丛生，直立，圆柱形，稍压扁。基生叶 3～4 枚，茎生叶 1～2 枚，线形，扁平，顶端针状；叶鞘松弛抱茎，边缘膜质，向上渐狭；叶耳圆钝。聚伞花序顶生，有 3～26 朵花；末端分枝花单生；总苞片叶状；花被片披针状长圆形，边缘宽膜质；雄蕊 3 枚，花药黄色；子房长圆形，3 室，具极短花柱。蒴果长圆状卵形。花期 6～8 月，果期 7～9 月。

**生理习性** 生于河边、湿地。

林秦文 摄

林秦文 摄

林秦文 摄

百合目 百合科

# 玉簪

*Hosta plantaginea*

**形态特征** 多年生草本，高可达50cm。叶卵状心形、卵形或卵圆形，先端近渐尖，基部心形，具6～10对侧脉。顶生总状花序，着花9～15朵；外苞片卵形或披针形，内苞片很小；花白色，单生或2～3簇生，筒状漏斗形，有芳香。蒴果圆柱形，有三棱。花期7～9月。

**生理习性** 性强健，耐寒冷，喜阴湿环境，不耐强烈日光照射，喜土层深厚、排水良好且肥沃的砂质壤土。

# 紫萼

*Hosta ventricosa*

**形态特征**　多年生草本，高可达 40cm。叶卵状心形、卵形至卵圆形，先端近短尾状或骤尖，基部心形或近截形。花葶从叶中抽出，具 10～30 朵花；苞片矩圆状披针形，白色，膜质；花序总状，花较玉簪小，单生，盛开时从花被管向上骤然作近漏斗状扩大，紫色或淡紫色。蒴果圆柱状。花期 6～7 月，果期 7～9 月。

**生理习性**　喜温暖湿润的气候，耐阴，抗寒性强，忌强光，对土壤要求不严。

**生理习性**　生于河边、湿地。

百合目 百合科

# 萱草

*Hemerocallis fulva*

**形态特征** 多年生草本，高可达1m。叶基生、宽线形、对排成列，上部下弯。花茎高出叶片，螺旋状聚伞花序，花大，红色、黄色或橙黄色等多种颜色，花冠漏斗形至钟形，边缘略显波状，盛开时裂片反卷，蒴果椭圆形。花期5月中下旬。

**生理习性** 喜光、耐半阴，耐旱，耐寒，对土壤选择性不强，但以富含腐殖质、排水良好的湿润土壤为宜。

# ‘金娃娃’萱草

*Hemerocallis fulva* ‘Golden Doll’

**形态特征** 多年生草本，高可达30cm。叶基生，条形，排成两列。花莛粗壮，螺旋状聚伞花序，花7～10朵。花冠漏斗形，金黄色。蒴果钝三角形，熟时开裂；种子黑色，有光泽。花果期5～11月。

**生理习性** 喜光，耐寒，耐旱，耐水湿，也耐半阴，对土壤适应性强，在中性、偏碱性土壤中均能生长良好，但以土壤深厚、富含腐殖质、排水良好的肥沃的砂质壤土为好。

百合目 百合科

# 郁金香

*Tulipa gesneriana*

**形态特征** 多年生草本，高可达50cm。鳞茎卵形，皮纸质，内面顶端和基部疏生伏毛。叶3～5片，其中2～3片宽广而基生，带状披针形至卵状披针形，全缘并成波形，光滑，被白粉，顶端疏生毛。花单生茎顶，大型，艳丽，直立杯状，洋红、鲜黄等多种颜色，基部具有墨紫斑，花被片6，离生，倒卵状长圆形。蒴果室背开裂，种子扁平。花期3～5月，果期5～6月。

**生理习性** 长日照花卉，喜光，耐寒性很强，但怕酷暑。要求腐殖质丰富、疏松肥沃、排水良好的微酸性砂质壤土。

# 鸢尾

*Iris tectorum*

**形态特征** 多年生草本，高可达 50cm。叶基生，宽剑形，纸质，有数条不明显的纵脉，基部鞘状。花茎单枝或顶部有 1～2 侧枝，每枝有花 1～3 朵，花蓝紫色；花被裂片 6，排成两轮；外轮花被裂片圆形或宽卵形，中脉有白色带紫纹的鸡冠状突起及白色髯毛；内轮花被较小，裂片椭圆形，爪部突然变细。蒴果长椭圆形或倒卵形。花期 4～5 月。

**生理习性** 喜光，亦耐半阴，耐寒，喜排水良好的富含腐殖质、略带碱性的黏性土壤。

# 黄菖蒲

*Iris pseudacorus*

**形态特征** 多年生湿生或挺水草本，植株高大。叶基生茂密，绿色，长剑形，中肋明显，并具横向网状脉。花茎粗壮，稍高出于叶；苞片3～4枚，膜质，绿色，披针形；花明黄色，垂瓣上部长椭圆形，基部近等宽，具褐色斑纹或无，旗瓣淡黄色，花径8cm。蒴果长形，内有种子多数，种子褐色，有棱角。花期5～6月。

**生理习性** 喜光，也较耐阴，耐寒。喜湿润，可在浅水中生长。湿地水景中使用较多的花卉。

# 马蔺

*Iris lactea*

**形态特征** 多年生草本，高可达 50cm。根、茎、叶粗壮，须根稠密发达。叶基生，多数，宽线形，基部鞘状，坚韧，灰绿色。花茎高可达 30cm，有 1～4 朵花；花为浅蓝色、蓝色或蓝紫色；花被片 6，分两轮排列，外轮 3 花被，裂片较大，呈匙形，中部有较深色的条纹，内轮 3 花被直立；雄蕊 3，花柱 3 分枝，花瓣状，顶端 2 裂。蒴果长椭圆状柱形。花期 5～6 月，果期 6～9 月。

**生理习性** 适应性强，耐寒，耐旱，耐水涝，耐瘠薄，耐盐碱，耐践踏，根系发达，可用于水土保持和改良盐碱土。

# 第二篇 节肢动物

节肢动物是身体分节、附肢也分节的动物，是动物界中种类最多、数量最大、分布最广的一类。

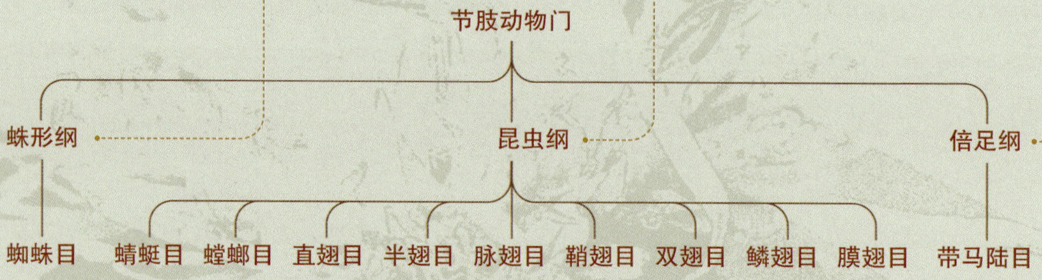

节肢动物门

蛛形纲

蜘蛛目

昆虫纲

蜻蜓目 螳螂目 直翅目 半翅目 脉翅目 鞘翅目 双翅目 鳞翅目 膜翅目

倍足纲

带马陆目

蛛形纲的动物身体由头胸部和腹部组成，无触角。头胸部有六对附肢，包括一对螯肢、一对角须和四对步足。大多生活在陆地上，如蜘蛛、蝎子、蜱、螨等，是节肢动物门中仅次于昆虫纲的第二大纲。

昆虫纲的动物身体由头、胸、腹三部分组成，绝大多数成虫有一对触角、两对翅、三对足，是地球上数量最多的动物群体，踪迹几乎遍布世界的每一个角落。

倍足纲的动物体节可多达几十节，可分头、胸、腹三部分。体节成对地愈合成重体节，绝大多数重体节都具两对步足，所以称为倍足类，包括各种马陆。

# 丽亚蛛

*Asianellus festivus*

**形态特征** 雌蛛体长约5mm。背甲褐色，外缘黑色。步足褐色，具黑色环纹。腹部褐色，具黑色斑。

**生理习性** 常见于草丛。

# 白斑猎蛛

*Evarcha albaria*

**形态特征** 雌蛛体长约 7mm。背甲、步足黑褐色，具一个黑色斑纹；腹部浅黄褐色，椭圆形，腹后端有 1 对黑褐色蝌蚪状斑纹。雄蛛体长 5～6mm，色泽较雌蛛深；头胸部较大，眼区后有淡色横纹。

**生理习性** 常见于水边灌草丛。

# 角类肥蛛

*Larinioides cornuta*

**形态特征** 雌蛛体长约 10mm。背甲赤褐色，胸甲深黑褐色，步足黄褐色，有褐色环纹或不明；腹部卵圆形，背面淡黄色底，斑纹黑褐色，前方一对括弧形斑，中后方为叶斑，其两侧有三四对波状纹，其中第一对呈角状；腹部腹面中央黑色，两侧为黄白条斑。雄蛛体长约 5.5mm，体色较淡，背甲淡黄褐色，腹部背面黄色，斑纹红褐色，较雌蛛明显。

**生理习性** 多结大型斜形圆网。

# 棒络新妇

*Nephila clavata*

**形态特征** 雌蛛体长17～25mm。背甲前缘和后缘之间为一宽黑褐色纵带，并密被白色细毛；螯肢短粗，黑褐色，螯牙短，仅为螯肢长的1/3；腹部背面黄色，具5条蓝绿色横带。雄蛛体长4～8mm。体色较暗淡，背甲浅黄褐色，中央两侧各有一暗褐色纵带，步足以及步足上的刺相对雌蛛的较长。

**生理习性** 林中常见。成幼蛛都有先抽丝搭桥再顺丝做网的习性。

# 东亚异痣螅

*Ischnura asiatica*

**形态特征** 成虫体长约25mm。雄虫面部黑色具蓝色斑点；胸部背面黑色，具黄绿色条纹，侧面黄绿色；腹部黑色，侧面具黄色条纹；足淡褐色，具褐色刺。雌虫初为红色，后为黄绿色或褐色，前翅翅痣双色，故名。

**生理习性** 稚虫生活于水中，以孑孓等水生小动物为食。成虫捕食体型微小的蚊、蝇、蚜虫、介壳虫、木虱、飞虱等。

# 白尾灰蜻

*Orthetrum albistylum*

**形态特征** 成虫体长50～56mm，腹长35～38mm，后翅37～42mm。雄成虫复眼深绿色，面部白色；胸部褐色，侧面具2条白色条纹，翅透明；腹部第1～6节覆盖蓝白色粉霜，其余各节黑色。雌成虫多型，有蓝色型、黄色型。

**生理习性** 栖息于流速缓慢的溪流附近，善于在空中捕食摇蚊等小型昆虫。

# 黄蜻

*Pantala flavescens*

**形态特征** 成虫体长约35mm。雄虫复眼上方红褐色，下方蓝灰色，面部黄色；胸部黄褐色，翅透明，后翅基方稍染黄褐色；腹部背面红色，具黑褐色斑。雌虫黄褐色，腹面随生长逐渐覆盖白色粉霜。

**生理习性** 一年3～4代。卵产于水草茎叶上，孵化后生活于水中，稚虫以水中的蜉蝣生物及水生昆虫的幼龄虫体为食。成虫捕食蚊、蝇等小型昆虫。

# 广斧螳

*Hierodula patellifera*

**形态特征**　雌成虫体长57～63mm，雄成虫体长41～56mm。体绿色或褐色；头部三角形，复眼发达，触角细长，丝状；腹部很宽。卵黄色，长约3.8mm。若虫与成虫相似，无翅，5～6龄开始显现翅芽。

**生理习性**　一年1代。成虫、若虫捕食蝗虫、螽斯、蛾类、蝴蝶、蚊蝇等多种昆虫。

直翅目 蝗科

# 短额负蝗

*Atractomorpha sinensis*

**形态特征** 雄成虫体长约25mm，雌成虫体长约40mm，绿色或褐色；头部锥形，触角扁尖；后足发达，为跳跃足；前翅绿色，后翅基部红色，端部淡绿色。卵椭圆形，长约3.5mm，淡黄色至黄褐色。若虫共5龄，特征与成虫相似，无翅，体被绿色斑点。

**生理习性** 一年2代。成虫善跳跃或近距离飞翔，交尾时雄虫在雌虫背上随雌虫爬行，数天不散，故名“负蝗”。成虫和若虫取食菊花、海棠、木槿、美人蕉、一串红、禾本科草坪草等植物的叶片。

# 东方蝼蛄

*Gryllotalpa orientalis*

**形态特征**　成虫体长约32mm，灰褐色，梭形；全身密被细毛；头圆锥形，触角丝状；前胸背板卵圆形，中间具明显的暗红色长心脏性凹陷斑1个；前足为开掘足，腹部尾须2根。卵椭圆形，乳白至暗紫色。若虫体黑褐色，只有翅芽。

**生理习性**　3年1代。成虫善飞翔；成虫、若虫在土中取食松、柏、榆、槐、茶、柑橘、桑、海棠、樱花等植物的幼苗和根部。

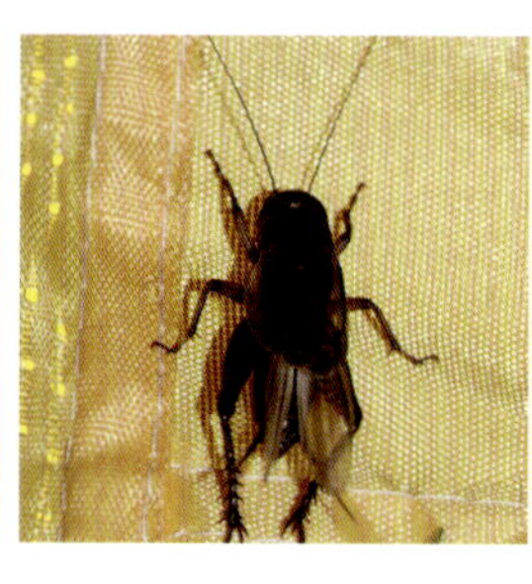

# 北京油葫芦

*Teleogryllus emma*

**形态特征** 成虫体长约20mm，黑褐色，有光泽；从头背观两复眼内方的橙黄纹呈“八”字形；前翅淡褐色有光泽，后翅尖端纵折，发达，如长尾盖满腹端；产卵管长于后足股节，产卵时插入土中。卵长筒形，光滑，乳白色。若虫6龄。

**生理习性** 一年1代。雄成虫善鸣叫、好斗。成虫、若虫取食多种园林植物的叶、茎、种子、果实或根。

# 麻皮蝽

*Erthesina fullo*

**形态特征** 成虫体长约25mm，黑褐色，密布黑色刻点及细碎不规则黄斑；头部狭长，触角5节；身体多处有臭腺孔。卵长圆形，黄白色。若虫有白色粉末，老龄时体长约19mm，自头端至小盾片具一黄红色细中纵线，体侧缘具淡黄狭边；腹背中部具暗色斑3个，上各有橙红色臭腺孔2个。

**生理习性** 一年1代。成虫有假死性，飞翔能力强，秋冬易进入室内越冬。成虫、若虫刺吸杨、柳、榆、桑、柿、悬铃木等植物汁液。

# 菜蝽

*Eurydema dominulus*

**形态特征** 成虫体长约8mm，橙黄色，有黑色斑纹；前胸背板上有6个大黑斑，前排2个，后排4个；翅革片具橙黄或橙红色曲纹，膜片黑色，具白边；足黄黑相间。卵鼓形，初为白色，后变为灰白色至灰黑色。若虫共5龄，老龄时小盾片两侧各呈现卵形橙黄色区域。

**生理习性** 一年3代。成虫有假死性。成虫、若虫刺吸刺槐、菊花、十字花科等植物汁液。

袁菲 摄

张雪 摄

张雪 摄

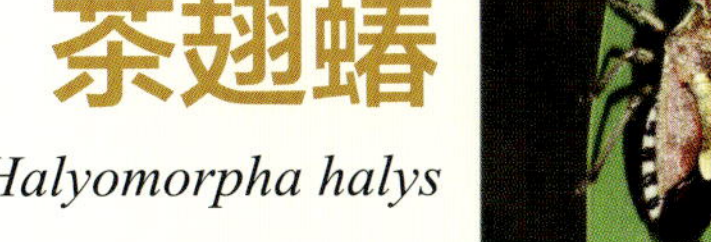

# 茶翅蝽

*Halyomorpha halys*

**形态特征** 成虫体长约14mm，扁平，茶褐色、淡褐色或灰褐色略带红色，具黄色深刻点或金绿色刻点，或体略具紫绿色光泽；触角5节；足黑白相间。卵短圆筒形，初为淡黄白色，渐变为深色。若虫共5龄。

**生理习性** 一年1代。成虫、若虫刺吸苹果、梨、桃、杏、海棠、榆等植物汁液。

# 珀蝽

*Plautia fimbriata*

**形态特征** 成虫体长约10mm，卵圆形，绿色，有光泽；头、小盾片和前胸背板鲜绿色，前胸背板两侧角较圆，略凸；前翅革片暗红色。卵圆筒形，初产时灰黄，渐变为暗灰黄色。若虫卵圆形，黑色。

**生理习性** 一年2代。成虫有较强的趋光性。成虫、若虫刺吸桃、梨、杏、楸、杉等植物汁液。

张雪 摄

# 钝肩普缘蝽

*Plinachtus dissimilis*

**形态特征** 成虫体背黑棕色，腹面黄色；头短，复眼突出；足黑棕色，基节、转节及股节基部红褐色，股节中央白色；背面可见腹部侧边有黑黄相间的条纹；前胸背板侧角突出呈刺状。卵红棕色，长约1mm，椭圆形。若虫共5龄，1～4龄前胸背板和后胸背板各具2个直立黑色长刺，5龄若虫仅前胸背板具长刺；腹部具臭腺管；若虫各基节、转节及股节基部黑色。

**生理习性** 成虫、若虫刺吸白杜、蓝蛇藤等植物。

# 三点苜蓿盲蝽

*Adelphocoris fasciaticollis*

**形态特征** 成虫体长约 7mm，长卵形，暗黄色，具黑褐色斑纹；复眼大，突出，暗褐色；小盾片及前翅 2 楔片共 3 个黄绿色斑点，故名“三点”。卵口袋形，淡黄色。若虫老龄体黄绿色，被暗色细毛。

**生理习性** 一年 2~3 代。成虫、若虫刺吸杨、柳、榆、刺槐等植物汁液。

半翅目
网蝽科

# 悬铃木方翅网蝽

*Corythucha ciliata*

**形态特征** 成虫体长约3.5mm，乳白色；头兜发达，盔状；在两翅基部隆起处的后方有褐色斑；前翅显著超过腹部末端，静止时前翅近长方形。卵乳白色，长椭圆形，顶部有褐色椭圆形卵盖。若虫共5龄。

**生理习性** 一年4～5代。成虫、若虫刺吸悬铃木汁液。

半翅目 网蝽科

# 梨冠网蝽

*Stephanitis nashi Esaki*

**形态特征** 成虫体长约3mm，扁平，暗褐色；头小、复眼暗黑，触角丝状，翅上布满网状纹；前翅略呈长方形，具黑褐色斑纹，静止时两翅叠起，黑褐色斑纹呈“X”状；足为黄褐色 。卵长椭圆形，长约0.6mm，一端略弯曲，初淡绿色，后淡黄色，略透明，表面有黄褐色黏液覆盖。若虫暗褐色，身体扁平，共5龄。

**生理习性** 一年4代。成虫、若虫刺吸苹果、海棠、山楂、桃、李等植物汁液。

# 点蜂缘蝽

*Riptortus pedestris*

**形态特征** 成虫体长 15～17mm，狭长，黄褐至黑褐色，被白色细绒毛；头在复眼前部成三角形，后部细缩如颈；前胸背板及胸侧板具许多不规则的黑色颗粒，侧角成刺状；腹部侧接缘稍外露，黄黑相间；后足腿节粗大，有黄斑。卵长约 1.3mm，半卵圆形。若虫 1～4 龄体似蚂蚁，5 龄体似成虫仅翅较短。

**生理习性** 一年 2～3 代。成虫、若虫刺吸豌豆、大豆、水稻等植物的汁液。

# 圆臀大黾蝽

*Aquarius paludum*

**形态特征**　雌雄成虫外观差异不明显，体长 8～20mm，黑褐色；头部为三角形，口吻稍长；单眼退化，复眼发达；触角丝状，明显伸出；前翅革质；躯干瘦长，被细密短毛，具拒水作用；前足短，用于捕捉猎物，中后足长，用于划行。

**生理习性**　栖居于湖泊、池塘等静水水面。以掉落在水上的其他昆虫、虫尸或其他动物的碎片等物为食。

# 大青叶蝉

*Cicadella viridis*

**形态特征** 成虫体长约 10mm，草绿色；头顶有 2 个黑斑；复眼绿色；前翅深绿色，后翅烟黑色，半透明；腹部背面蓝黑色。卵白色微黄，长卵圆形，长约 1.5mm，中间微弯曲，一端稍细，表面光滑。若虫初为白色，渐变为黄绿色，头大腹小，腹背及两侧有 4 条直达腹端的黑褐色纵纹。

**生理习性** 一年 3 代。成虫具有较强的趋光性，受惊扰后快速飞逃。成虫、若虫刺吸杨、柳、榆、桑、桃、李等植物汁液。

半翅目蝉科

# 黑蚱蝉

*Cryptotympana atrata* Fabricius

**形态特征**　成虫体长约45mm，黑色，有光泽；头部中央及额上方各有1块红黄色斑纹，中胸背板有“X”形黄褐色隆起，并被有金色绒毛；翅透明。卵椭圆形，乳白色，有光泽。若虫黄褐色，前足为开掘足。

**生理习性**　4~5年1代。成虫刺吸杨、柳、榆、槐等植物汁液，雄成虫善鸣叫。若虫生活在地下，吸食植物根部汁液。

# 透明疏广翅蜡蝉

*Euricania clara*

**形态特征** 成虫体长约6mm，身体黄褐色和余栗褐色相间；前翅除前缘外完全透明，略带有黄褐色，翅脉褐色，前缘有较宽的褐色带；前缘近中部有一黄褐色斑。若虫尾部有放射状蜡冠。

**生理习性** 刺吸桃、李、柑橘等植物汁液。

半翅目 蜡蝉科

# 斑衣蜡蝉

*Lycorma delicatula*

**形态特征** 成虫体长约20mm，前翅革质，后翅膜质，基部鲜红色，具有黑点，体翅表面附有白色蜡粉。卵长圆柱形，灰色，平行排列成卵块，表面覆灰色土状分泌物。若虫共4龄，1～3龄若虫体黑色，布白斑，4龄若虫体变红色，布黑白斑。

**生理习性** 一年1代。成虫和若虫具很强的跳跃力。成虫、若虫刺吸臭椿、千头椿、刺槐、海棠等植物汁液，尤喜臭椿。

# 伯瑞象蜡蝉

*Dictyophara patruelis*

**形态特征** 成虫体长 8～11mm，体绿色，头顶具头突；前、中胸背板具绿色纵带，带间黄绿色；后足胫节外侧具多枚小刺；翅透明；足黄绿色。

**生理习性** 成虫不善飞行，善跳跃。

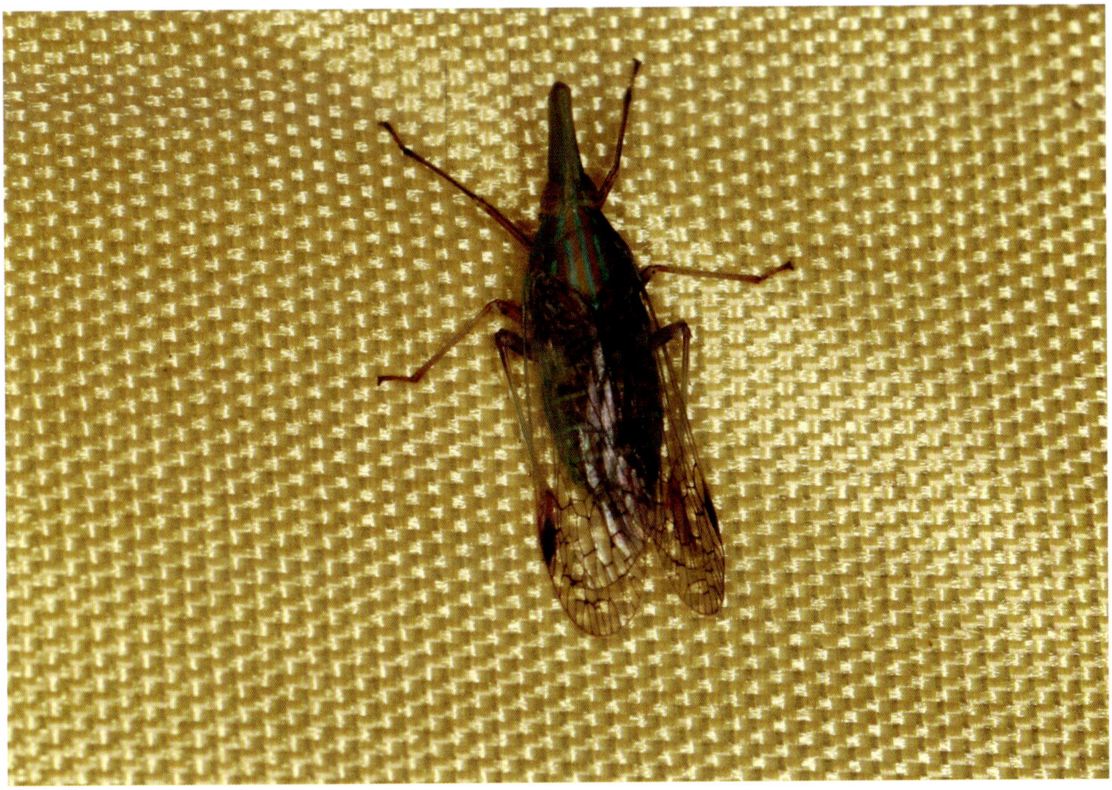

# 桑异脉木虱

*Anomoneura mori*

**形态特征** 成虫体长约 4.5mm，黄绿色；前翅半透明，有咖啡色斑纹。卵谷粒状，近椭圆形，乳白色。若虫尾部有长长的白色蜡丝。

**生理习性** 一年 1 代。若虫取食桑、柏等植物的叶。

# 黄栌丽木虱

*Calophya rhois*

**形态特征** 成虫体长约2mm，体黄色，眼鲜红色；分冬型和夏型，夏型比冬型颜色鲜艳。卵椭圆形，黄色，有光泽。若虫共5龄，复眼红色，胸、腹有淡褐色斑，腹黄色。

**生理习性** 一年2代。若虫能分泌黏液。成虫善跳跃。成虫、若虫刺吸黄栌汁液。

# 夹竹桃蚜

*Aphis citricola*

**形态特征**　无翅孤雌蚜体长 1.3～1.5mm，体绿色或黄绿色，被白色蜡粉，触角 6 节。

**生理习性**　一年多代。成虫、若虫刺吸夹竹桃、艾蒿等植物汁液。

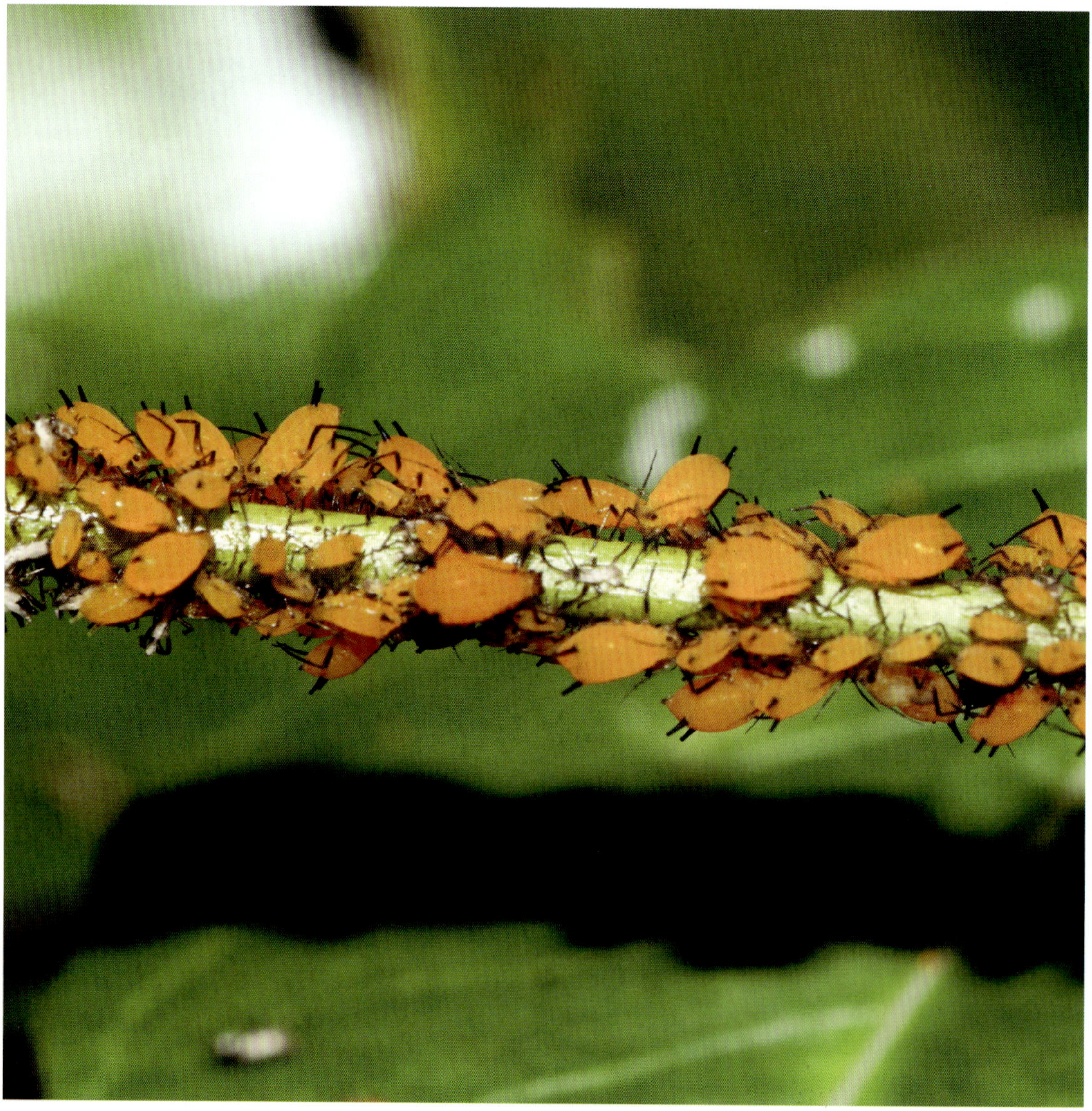

# 松大蚜

*Cinara pinea*

**形态特征**　无翅孤雌蚜体长约3.5mm，近球形；触角刚毛状；复眼黑色，突出于头侧。有翅孤雌蚜略大于无翅型，翅透明，在两翅端部有1翅痣；前胸背板有明显圆环和“X”形花纹。卵长圆柱形，黑绿色，长约1.5mm，两卵间有丝状物连接，初产时白绿色，渐变为黑绿色。若虫与无翅雌蚜相似，但体型较小。

**生理习性**　一年十余代。成虫、若虫刺吸油松、黑松等植物汁液。

# 桃粉大尾蚜

*Hyalopterus pruni*

**形态特征** 无翅孤雌蚜体长约 2mm，长椭圆形，淡绿色，被白色蜡粉；腹管浅色，细圆筒形，短小，长不及尾片。有翅孤雌蚜体长约 2mm，被白色蜡粉；头胸部暗黄色，胸疣黑色，腹部黄绿色。卵椭圆形，初为绿色，后变黑褐色。

**生理习性** 一年多代。成虫、若虫刺吸桃、李、杏等植物汁液。

# 印度修尾蚜

*Indomegoura indica*

**形态特征** 无翅孤雌蚜体长约4mm，橘黄色，被白色蜡粉；触角、足及腹管黑褐色至黑色；腹管约为尾片长的1.4倍。

**生理习性** 一年多代。成虫、若虫刺吸萱草等植物汁液。

# 桃瘤蚜

*Myzus persicae*

**形态特征** 无翅孤雌蚜体长约 2.5mm，黄绿色至赤褐色；头部在触角基部内侧具明显的额瘤。有翅孤雌蚜体长约 2mm；腹部有黑褐色斑纹，翅无色透明，翅痣灰黄或青黄色。卵椭圆形，长约 0.6mm，初为橙黄色，后变成漆黑色而有光泽。若虫共 4 龄。

**生理习性** 一年多代。成虫、若虫刺吸桃、李、杏、白菜等植物汁液。

# 栾多态毛蚜

*Periphyllus koelreuteriae*

**形态特征** 无翅孤雌蚜体长约3mm，长卵圆形，黄褐色、黄绿色或墨绿色，胸背有深褐色瘤3个，呈三角形排列。有翅孤雌蚜体长为3.3mm，头和胸部黑色，腹部黄色，体背有明显的黑色横带。越冬卵椭圆形，深墨绿色。若虫浅绿色，与无翅成蚜相似。

**生理习性** 一年4代。成虫、若虫刺吸栾树、黄山栾等植物汁液，分泌大量蜜露。

半翅目 蚜科

# 库多态毛蚜

*Periphyllus kuwanaii*

**形态特征** 无翅孤雌蚜体长1.4～2.1mm，深红褐色至黑褐色；腹部具黑褐色横带。有翅孤雌蚜体长1.7～2.3mm。雌性蚜体长约2.7mm。

**生理习性** 一年多代。成虫、若虫刺吸元宝枫、五角枫、复叶槭等植物汁液，蜜露多，在枝条上具许多结晶。

# 榆华毛蚜

*Sinochaitophorus maoi*

**形态特征** 无翅孤雌蚜体长约2mm，红棕色至灰白色，头背面黑色，体背具4列较大黑斑及许多小黑点；腹管短小，尾片瘤状。有翅孤雌蚜体长约1.6mm，长卵形。

**生理习性** 一年多代。成虫、若虫刺吸榆等植物汁液。

# 秋四脉绵蚜

*Tetraneura akinire*

**形态特征** 无翅孤雌蚜体长约2.3mm，近圆形，淡黄色，被白粉；触角5节；腹管段截形。有翅孤雌蚜体长约2mm，黑褐色；前翅透明，翅痣黑色。

**生理习性** 一年近10代。成虫、若虫刺吸白榆、榔榆等植物汁液。干母在叶表面形成虫瘿。

# 红花指管蚜

*Uroleucon gobonis*

**形态特征** 无翅孤雌蚜体长约3.6mm，黑色，足胫节中部色浅；触角6节，黑色，是体长的1.5倍；腹管细长，可达体长的1/3。有翅孤雌蚜体长约3.1mm，黑色，腹管圆筒形。

**生理习性** 一年10余代。成虫、若虫刺吸泥胡菜、飞廉、蓝刺头、牛蒡、红花等植物汁液。

# 枫绿多态毛蚜

*Periphyllus viridis*

**形态特征** 无翅孤雌蚜体长2.4～2.8mm，绿色，体背、触角及足具很长的刚毛。有翅孤雌蚜体长2.6～3.1mm，体黄绿色。

**生理习性** 一年多代。成虫、若虫刺吸元宝枫等植物汁液。

袁菲 摄

袁菲 摄

袁菲 摄

# 日本龟蜡蚧

*Ceroplastes japonicus*

**形态特征** 成虫雌雄异型。雌成虫无翅，卵圆形，黄红、血红至红褐色；外被灰白色的湿蜡壳，形似龟壳，壳长约 4mm，宽约 3mm，高约 1mm。雄成虫长约 1.3mm，棕褐色；有翅，透明。卵椭圆形，初为乳黄色，渐变为深红色。若虫体长约 0.3mm，长椭圆形，扁平，淡黄色。若虫雌雄分化明显后，雌虫蜡壳为半球形，形似龟甲；雄虫蜡壳为长椭圆形，中央有隆起的蜡板，边缘呈星芒状。蛹圆锥形，长约 1.2mm，红褐色。

**生理习性** 一年 1 代。两性卵生为主，亦可孤雌卵生。成虫、若虫刺吸枣、蔷薇、紫薇、玉兰、石榴、悬铃木等植物汁液。

脉翅目 草蛉科

# 丽草蛉

*Chrysopa formosa*

**形态特征** 成虫体长9～10mm，绿色，触角黄褐色，头部有9个黑色斑纹，足绿色，胫节及跗节黄褐色；翅端较圆，翅痣黄绿色，前后翅的前缘横脉列的大多数均为黑色，径横脉列仅上端一点为黑色，所有的阶脉为绿色，翅脉上有黑毛；腹部为绿色，密生黄毛。卵椭圆形，翠绿色，长约1mm，丝柄长约5mm。幼虫共3龄，老熟幼虫体长约9mm，橘黄色，腹面青灰色，斑纹黑色。茧白色，圆球形，长约3mm，表面光滑无杂物。

**生理习性** 一年多代。幼虫和成虫捕食蚜虫、介壳虫、粉虱、木虱、叶蝉、蓟马等，有同类相残现象。

# 钩臀蚁蛉

*Myrmeleon bore*

**形态特征** 成虫体长25～30mm，头部黑色，复眼金属黄色有小黑斑；触角黑色，末端膨大呈棒状；胸部黑色，有稀疏的长毛和短毛；翅无色透明，前翅纵脉上黄、黑色段相间排列。卵圆形或椭圆形，长约1.2mm，乳白色微黄。幼虫体色棕灰色，纺锤状；全身大部分着生刚毛；头壳上长有“M”形深褐色斑纹；头部前端有1对形如钳状的颚管，颚管内源两侧各长有3排齿。老熟幼虫结茧化蛹，茧直径6～13mm，近似球形，丝质，浅灰白色，透过茧可观察到虫体轮廓。

**生理习性** 一年1代。幼虫即蚁狮，善筑穴捕食蚂蚁等小昆虫。

# 七星瓢虫

*Coccinella septempunctata*

**形态特征** 成虫卵圆形，背部拱起，背面光滑无毛；头黑色，复眼黑色，触角褐色；前胸背板黑色，小盾片黑色；鞘翅红色或橙黄色，两侧共有 7 个黑斑。卵梭形，竖立，整齐排列成块。幼虫淡蓝灰色，共四龄；蛹长约 7mm，黄色。

**生理习性** 一年多代。成虫、幼虫捕食蚜虫、粉虱、叶螨等昆虫。

# 异色瓢虫

*Harmonia axyridis*

**形态特征** 成虫体长5~8mm，卵圆形，呈半球形拱起，背面光滑无毛，色泽及斑纹变异多样；鞘翅末端有一道明显隆起的横脊痕。卵纺锤形，橘黄色，常竖立排列于叶面。幼虫灰黑色，共4个龄期；腹部背面两侧每节生有6个分枝的枝刺，第1、4节的背面两侧各有一对橘红色枝刺，其中第一节的2个枝刺基部相连，形成一个橘红色大斑。蛹橙黄色，有紫黑色斑点，腹面常留有幼虫期的蜕皮。

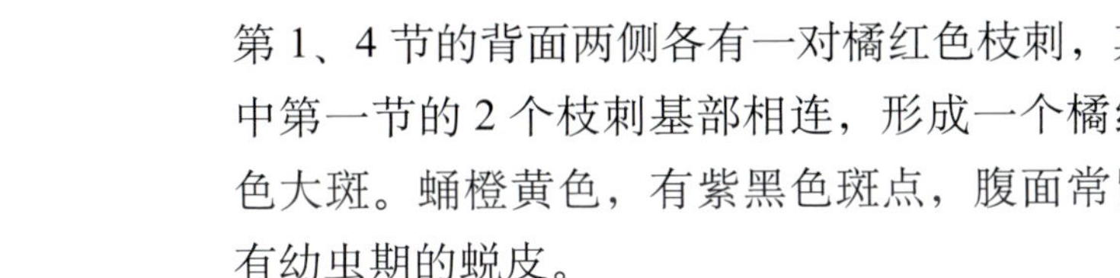

**生理习性** 成虫、幼虫捕食蚜虫、叶螨、木虱等。

# 菱斑巧瓢虫

*Oenopia conglobata*

**形态特征** 成虫体长约 5mm；头部黄白色；复眼黑色；前胸背板及鞘翅呈黄褐色或紫红色，前胸背板上具 7 个小黑斑；鞘翅上各具 8 个不同形状的黑斑，呈 2、2、1、2、1 排列；足黄褐色。幼虫共 4 龄，老熟时体长约 7mm，黑色，前胸前缘灰黄色，前侧角和侧下缘紫色。蛹长约 7mm，黑红色。

**生理习性** 成虫、幼虫捕食蚜虫、叶螨、榆蓝叶甲卵等。

# 中华萝藦叶甲

*Chrysochus chinensis*

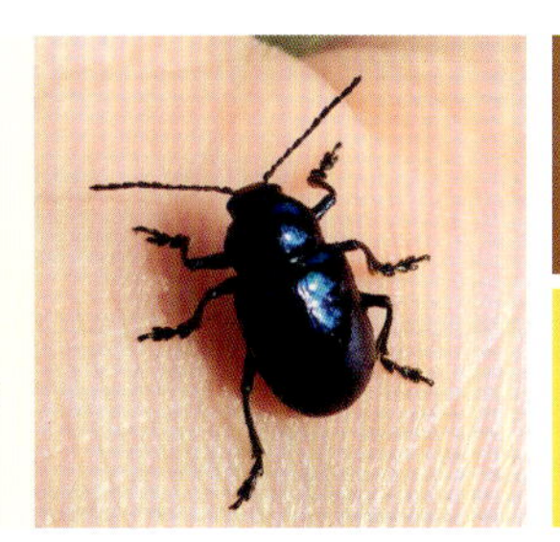

**形态特征** 成虫体长约 10mm，浑身具艳丽的青蓝色金属光泽；触角细长、念珠状。卵初为黄色，后变为土黄色。初孵幼虫黄色，怕光。蛹淡米黄色，被较多褐色长毛。

**生理习性** 一年 1 代。成虫取食萝藦、地稍瓜等植物的叶，幼虫取食根。

# 十星瓢萤叶甲

*Oides decempunctatus*

**形态特征** 成虫体长约 12mm，椭圆形，黄褐色；触角丝状，淡黄色；两鞘翅上共有黑色圆斑 10 个，形似瓢虫，故名。卵长约 1mm，椭圆形，堆状，初为草绿色，后变为黄褐色。老熟幼虫体长约 10mm，椭圆形，灰黄色。蛹金黄色，体长约 10mm。

**生理习性** 一年 1 代。成虫有假死性。成虫和幼虫取食葡萄、地锦、芍药、牡丹等植物的叶。

# 黄栌胫跳甲

*Ophrida xanthospilota*

**形态特征** 成虫体长约 7mm，黄色，鞘翅背面有 10 列约 70 枚密集的白色斑点；后足为跳跃足。卵长椭圆形，金黄色，半透明状，表面略带光泽，长约 1mm；卵块被黑色坚硬的壳状物。老熟幼虫长约 10mm，头黑褐色，胸腹部黄绿色，体被无色透明的黏液，沾满自己的粪便。蛹长圆柱形，淡黄色，长约 8mm。

**生理习性** 一年 1 代。幼虫取食黄栌的叶，有暴食性。

# 杨梢叶甲

*Parnops glasunowi*

**形态特征** 成虫体长约6mm，狭长，黑、褐色，密被灰白色鳞毛；头嵌于前胸内；前胸背板矩形；足粗、长，黄色。卵长椭圆形，乳白至乳黄色。老熟幼虫体长约10mm，黄白色，蛴螬型，头尾略向腹部弯曲，似新月。蛹乳白色。

**生理习性** 一年1代。成虫取食杨、柳、梨等植物的幼苗、嫩梢、叶柄及叶片，尤喜咬食杨树的嫩梢，故名。幼虫取食植物的根。

# 柳蓝叶甲

*Plagiodera versicolora*

**形态特征**　成虫体长约 5mm，卵圆形，深蓝色，有金属光泽。卵橙黄色，椭圆形。老熟幼虫体长约 6mm，扁平，灰黄色。蛹椭圆形，黄褐色，长约 4mm。

**生理习性**　一年 3 代，以成虫在土壤中、落叶和杂草丛中越冬。成虫有假死性。幼虫、成虫取食柳叶。

# 沟眶象

*Eucryptonrhynchus chinensis*

**形态特征** 成虫体长约 16mm，黑色，长喙；与臭椿沟眶象形似，且常一起发生，但沟眶象体型较大，鞘翅上的锈红色更多。卵长圆形，黄白色。幼虫圆形，乳白色，体长约 30mm。蛹黄白色。

**生理习性** 一年 1 代。成虫有假死性。幼虫蛀食臭椿、千头椿等植物树干。

# 臭椿沟眶象

*Eucryptorrhynchus brandti*

**形态特征** 成虫体长约 11mm，黑色，长喙；头部、前胸背板和鞘翅上密布刻点；前胸背板白色；鞘翅坚硬，白色，掺杂少量锈红色；形似“鸟粪”。卵长圆形，黄白色。幼虫长约 15mm，头部黄褐色，胸、腹部乳白色，每节背面两侧多皱纹。蛹长约 10mm，黄白色。

**生理习性** 一年 1 代。成虫有假死性。幼虫蛀食臭椿、千头椿等植物树干。

张雪 摄

张雪 摄

# 杨潜叶跳象

*Rhynchaenus empopulifolis*

**形态特征** 成虫体长约 2mm，黑褐色；长喙，略向内弯曲；眼大，两眼紧挨；鞘翅行间隆，被黄绿色粉末，易脱落；后足为跳跃足，腿节粗壮。卵长卵形，乳白色。幼虫无足，乳白色，头黑色。蛹乳白色至褐色。

**生理习性** 一年 1 代。成虫善蹦跳。幼虫潜食于叶肉，最终形成叶苞掉于地面，形如“辣椒籽”，靠蹦跳转移到化蛹场所。成虫、幼虫取食杨树的嫩芽、叶片。

# 白蜡窄吉丁

*Agrilus planipennis*

**形态特征** 成虫体长约12mm，楔形，铜绿色，颜色鲜艳有光泽。卵淡黄色或乳白色，扁圆形。幼虫乳白色，体扁平带状，分节明显；头小，褐色，缩于前胸。蛹乳白色，裸蛹。

**生理习性** 一年1代。成虫羽化孔为“D”形。幼虫蛀食白蜡、水曲柳等植物树干。

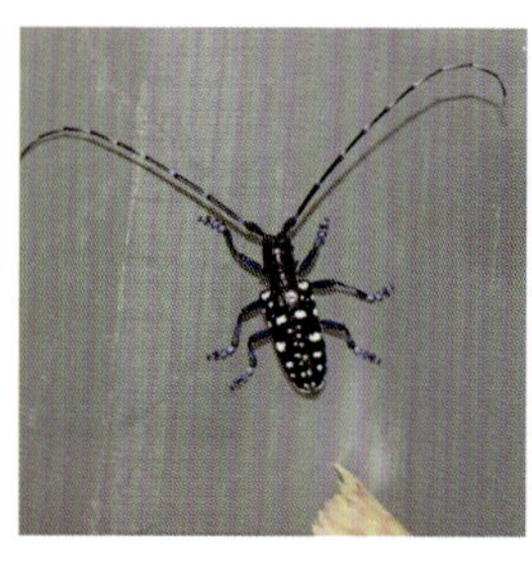

# 光肩星天牛

*Anoplophora glabripennis*

**形态特征** 成虫体长约30mm，宽约10mm，体黑色有光泽；触角11节，基部蓝黑色；鞘翅基部光滑，上有多个白斑。卵长约6mm，长椭圆形，稍弯曲，乳白色。老熟幼虫体长约50mm，白色。蛹纺锤形，乳白至黄白色，长约35mm。

**生理习性** 一年一代。以幼虫或卵越冬。主要为害杨、柳、槭树等。幼虫蛀食树干。成虫飞翔力不强。

# 桃红颈天牛

*Aromia bungii*

**形态特征**　成虫体长约35mm，体黑色，发亮，前胸棕红色或黑色。卵卵圆形，白色。老熟幼虫体长约50mm，乳白色，长条形。蛹长约35mm，乳白色至黄褐色。

**生理习性**　两年1代。幼虫蛀食桃、杏、李、梅、樱桃、苹果等植物的干。

# 薄翅锯天牛

*Megopis sinica*

**形态特征** 成虫体长约 50mm，黑褐色；头部具细密颗粒状刻点，并密生短灰黄色绒毛；鞘翅红茶色，后翅为薄膜翅，翅脉红茶色，脉间膜质白色透明；足扁形，红茶色；雌虫产卵管明显，细长。卵椭圆形，乳白色。幼虫乳白色，长约 65mm，无足。蛹长约 50mm，乳白色至黑褐色。

**生理习性** 两年 1 代。幼虫蛀食杨、柳、榆、松、杉、桑、苹果、法桐、海棠等植物树干。

前德门 摄

前德门 摄

# 双条杉天牛

*Semanotus bifasciatus*

**形态特征** 成虫体长约15mm，圆筒形；雄虫的触角略短于体长，雌虫的约为体长的1/2；前翅有2条黑色横宽带，故名；2条黑带间为棕黄色，翅前端为驼色。卵椭圆形，长约2mm，白色。老熟幼虫体长约15mm，圆筒形，乳白色。蛹长约16mm，淡黄色。

**生理习性** 一年1代。幼虫蛀食侧柏、圆柏、龙柏、沙地柏、罗汉松等植物树干。

# 铜绿丽金龟

*Anomala corpulenta*

**形态特征** 成虫体长约20mm，体背铜绿色具金属光泽，故得名；触角黄褐色，鳃状；前胸背板及鞘翅铜绿色具闪光，上面有细密刻点；鞘翅纵肋3条。卵近球形，直径约2mm，卵壳光滑，乳白色。老熟幼虫长约40mm，蛴螬型，乳白色。蛹长椭圆形，土黄色，长约25mm。

**生理习性** 一年1代。成虫有假死性，趋光性极强。幼虫取食苹果、山楂、海棠、梨、杏、桃、李、梅、柿、核桃等植物的根，成虫取食叶。

# 小青花金龟

*Oxycetonia jucunda*

**形态特征** 成虫体长约 12mm，深绿或赤铜色，无光泽，体色和斑纹在不同地区、不同植物上常有变异；前翅有黄、白、铜锈色花斑，鞘翅外缘有白斑 3 个，近缝肋一侧有成行排列的小白斑 3 个，臀板白斑 2 对。卵球形，白色。幼虫老龄时体长约 20mm，各节多皱褶。蛹卵圆形，白色。

**生理习性** 一年 1 代。成虫取食翠菊、金盏菊、松果菊、萱草、假龙头、美人蕉等植物的花蕾，幼虫在土中取食嫩苗和幼根。

张雪 摄

# 阔胫玛绢金龟

*Maladera verticalis*

**形态特征**　成虫体长约8mm，卵圆形，棕红色，触角鳃状。鞘翅满布纵列隆起带；胫节端距有棘刺群。卵椭圆形，白色。幼虫臀节腹面刺毛列呈单行横弧形。蛹乳黄或黄褐色。

**生理习性**　一年1代。成虫昼伏夜出，趋光性强，有假死性，取食植物幼苗或叶片。幼虫取食杨、柳、榆、梨、苹果等植物的根。

# 大云鳃金龟

*Polyphylla laticollis*

**形态特征** 成虫体长约 35mm，棕色，被云状白斑，触角鳃状，故名。卵椭圆形，乳白色。幼虫老熟时体长约 70mm，白色，头部黄褐色。蛹乳白色、棕黄色至棕黑色。

**生理习性** 四年 1 代。成虫趋光性强，取食松、杉等植物的嫩梢。幼虫生活在土壤中，取食桃、李、杏、苹果等植物根部和土壤中的腐殖质。

# 沟线须叩甲

*Pleonomus canaliculatus*

**形态特征** 成虫体长约 15mm；雄虫瘦狭，背面扁平，雌虫较粗阔，背面拱隆；体色由棕红至深栗褐色；头部刻点粗密而深，头顶中央低凹。幼虫黄色，并具黄色细毛；头暗褐色，扁平；老熟幼虫体长约 25mm。

**生理习性** 三四年 1 代。幼虫取食禾本科、十字花科等植物的根，成虫取食植物的花、芽。

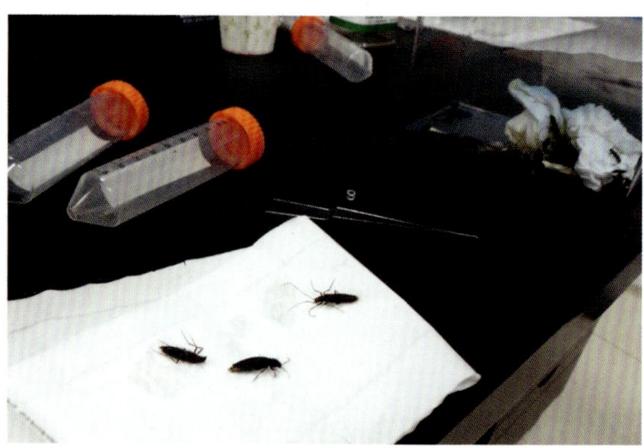

# 网目土甲

*Gonocephalum reticulatum*

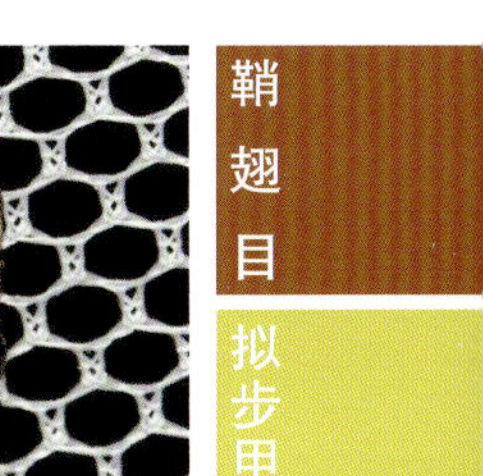

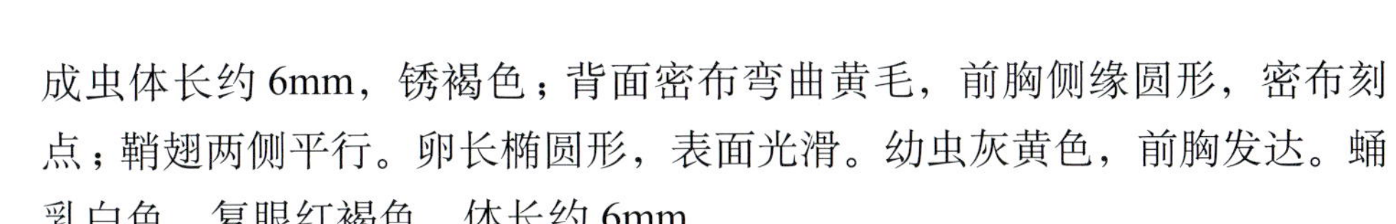

**形态特征** 成虫体长约 6mm，锈褐色；背面密布弯曲黄毛，前胸侧缘圆形，密布刻点；鞘翅两侧平行。卵长椭圆形，表面光滑。幼虫灰黄色，前胸发达。蛹乳白色，复眼红褐色，体长约 6mm。

**生理习性** 一年 1 代。成虫取食桑、苹果等植物嫩芽，幼虫取食植物幼根。

双翅目 毛蚊科

# 红腹毛蚊

*Bibio rufiventris*

**形态特征** 成虫体长约12mm，雌性略大，黑色；雌雄异型，雄虫全身黑色，瘦弱；雌成虫中胸背板橘红色且外凸如球状，较雄虫肥壮；雄虫复眼大且相邻，雌虫复眼小且分离。

**生理习性** 成虫喜欢采食文冠果的花蜜，交配后雄虫即死去，尸体多悬挂于树枝。幼虫在浅土层、枯叶下越冬，食腐殖质。

# 刺槐叶瘿蚊

*Dasyneura robiniae*

**形态特征**　成虫体长约3.5mm，复眼大，触角丝状；胸部背面有3个纵长形大黑斑；前翅翅面上覆有很密的黑色绒毛；平衡棒棒端部显著膨大，呈橘红色；腹部橘红色；足细长，均显著长于体。雄成虫较雌成虫小。卵长卵圆形，淡褐红色，半透明，长约0.3mm。幼虫体长约3mm，纺锤形至长椭圆形，乳白色至淡黄色；前胸腹面中央具一呈叉形的剑骨片，褐色。蛹长约2.7mm，淡橘黄色。

**生理习性**　一年5代。幼虫取食刺槐的叶，叶片沿侧缘向背面纵向皱卷形成虫瘿。

# 颐和园水摇蚊

*Hydrobaenus* sp.

**形态特征**　成虫微小，多纤细脆弱；复眼发达，无单眼；前胸背板呈窄领状；翅狭长，多数透明无色；雌雄异型：雌虫触角 5～8 节，雄虫触角 11～15 节。

**生理习性**　成虫几乎不取食，生活在湖水、溪流或稻田附近，趋光性强。幼虫水生。

# 白斑蛾蠓

*Telmatoscopus albipunctata*

**形态特征** 成虫体长约3mm，浅褐色至黑褐色，多灰褐色，密被绒毛；两复眼狭长，在头顶几相接，被一丛毛所分隔。翅正反面均长有绒毛，但仅长在翅脉上，两脉之间无毛；停息时两翅平展。

**生理习性** 腐食性或粪食性，常生活在下水道中，羽化后常见于室内。重要的卫生害虫，喜潮湿环境。成虫飞翔能力不强，幼虫喜黑暗。

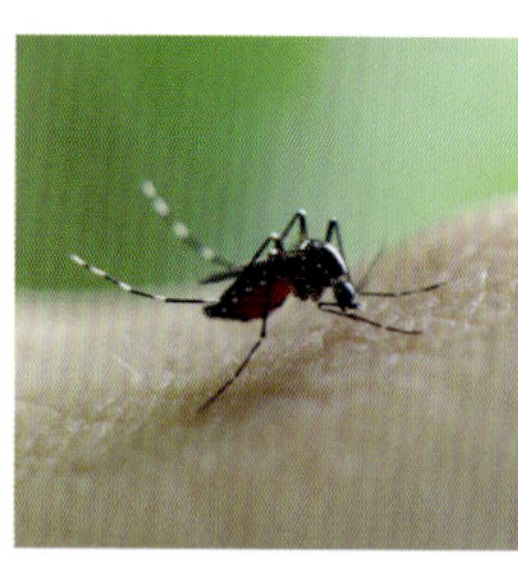

# 白纹伊蚊

*Aedes albopictus*

**形态特征** 成虫体长约5mm，黑色，有银白色斑纹；中胸盾片中央有银白纵条；各足都有膝白斑；后足有基白环；腹部背面有基白带。卵单粒，纺锤形，黑色。幼虫尾端有一根呼吸管，呼吸管短而粗。

**生理习性** 一年7~8代。幼虫头向下与水面成一定角度，平时沉于水底或以呼吸管末端接触水面，在水中取食。雌成虫攻击性强，刺吸人、畜血液，雄成虫吸食花蜜和植物汁液。

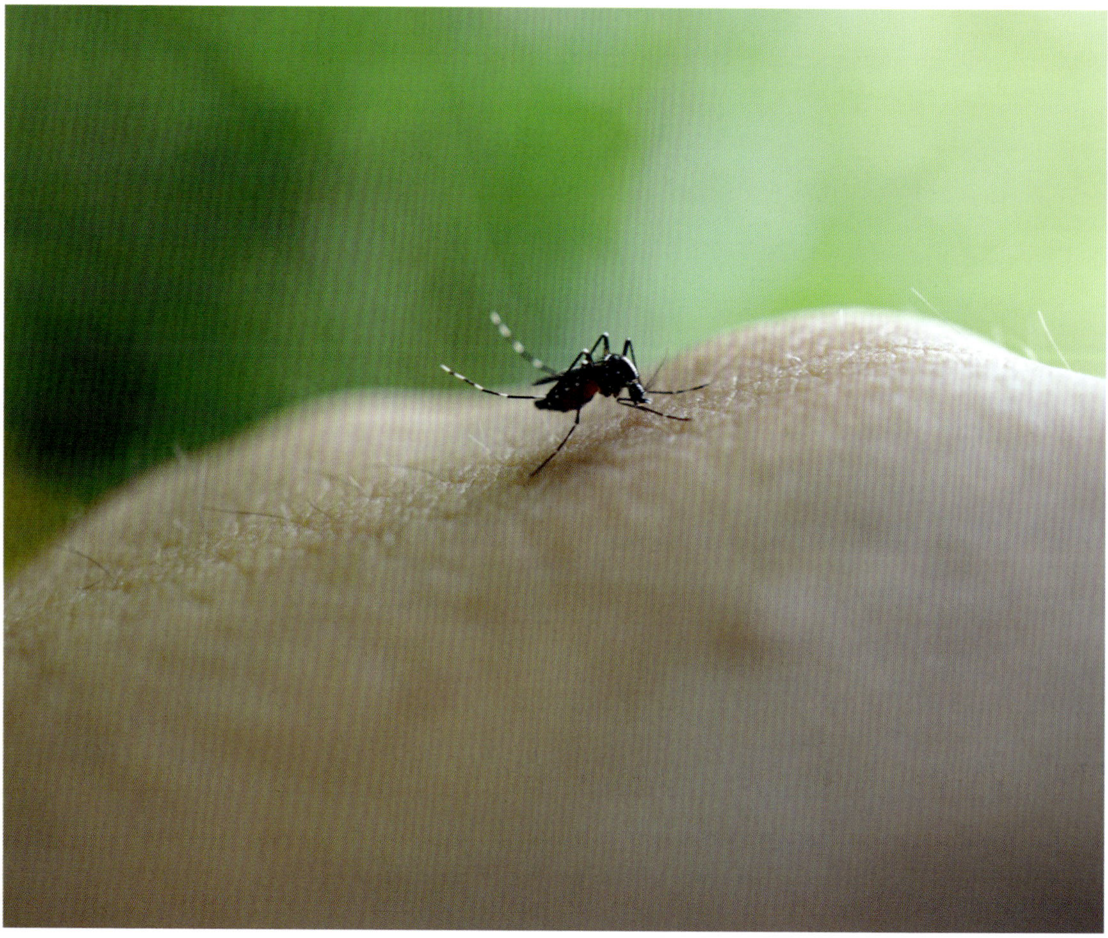

# 淡色库蚊

*Culex pipiens* subsp. *pallens*

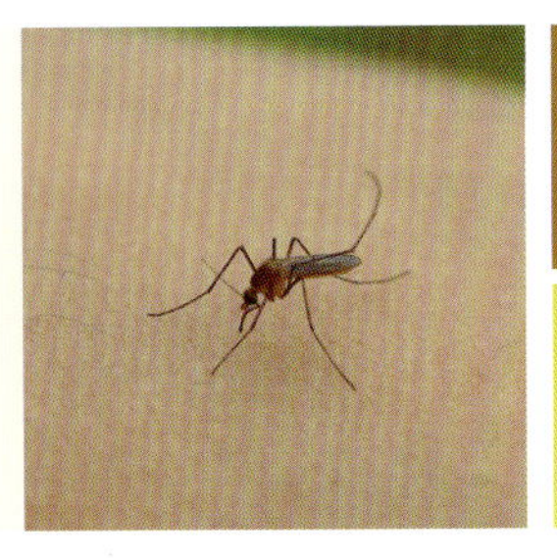

**形态特征** 成虫淡褐色；喙与足深褐色，无白环；中胸侧板鳞簇分散。卵圆锥形，长约 1mm，集结成块，浮于水面，初为灰白色，后变为黑色或棕色。幼虫头大，腹部细长，末端有一根呼吸管。蛹逗点状，头部和胸部融合成圆球型，生活在水中，蛹期很短，只有 1～2 天。

**生理习性** 一年 7～8 代。幼虫生活于水中，尤其是污水，以水中的细菌和藻类为食。雌成虫刺吸人、畜血液，雄成虫吸食花蜜和植物汁液。

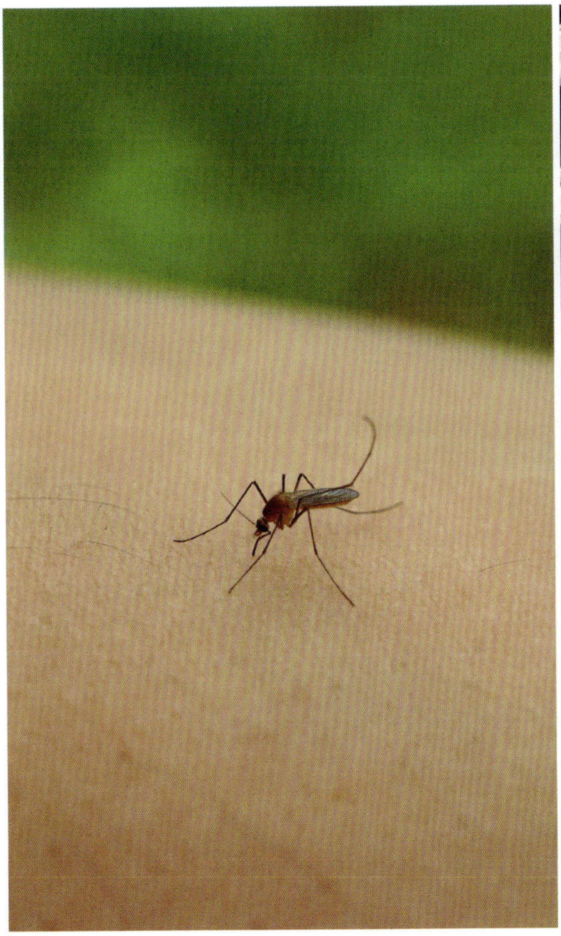

# 黑带食蚜蝇

*Episyrphus balteatusDe*

**形态特征** 成虫体长 6～10mm，浅棕黄色，腹部具黑横带；复眼红色；前胸背板黑色，具铜色光泽，中央及两侧具灰色纵条，两侧的较宽。

**生理习性** 成虫访花，幼虫捕食多种蚜虫。

# 大头金蝇

*Chrysomya megacephala*

**形态特征** 成虫体长约 10mm，体肥大，头宽于胸，体青绿色，具金属光泽；复眼深红色；雄性两复眼相接，上部 2/3 的小眼面明显大于下部 1/3 的小眼面，分界明显，雌虫复眼上下小眼大小差异不明显，额中央褐红色；颊、触角橙黄色。

**生理习性** 一年十余代。成虫和幼虫食腐为主，也可访花。

张雪 摄

# 黑胸扁蛾

*Opogona*

**形态特征** 成虫翅展约 10mm；前翅前缘基部黑褐色，基半黄色，端半灰褐色，交界处具曲折黑边。

# 桃展足蛾

*Stathmopoda auriferella*

**形态特征** 成虫翅展约 15mm；触角黄褐色；唇须细长，上伸超过头顶；胸背黄色，具 5 个灰褐色斑纹，后缘中央褐色斑较大；前翅基部黄色，端部褐色；有褐色长毛，耸立。

**生理习性** 幼虫取食桃、苹果、葡萄等植物的果实。

# 鸡血藤棕麦蛾

*Dichomeris oceanis*

**形态特征** 成虫翅展约 20mm；唇须基部具粗长鳞毛，褐色，端部灰褐色，前伸，端节细无毛，向上并向后弯曲；触角丝状；前翅杏黄色，具褐色小斑，翅中具 1 褐色大斑，翅外缘褐色，近臀端的褐斑较大，并与翅中褐斑相连。

**生理习性** 幼虫取食鸡血藤、紫藤、槐等植物的叶。

# 黄刺蛾

*Cnidocampa flavescens*

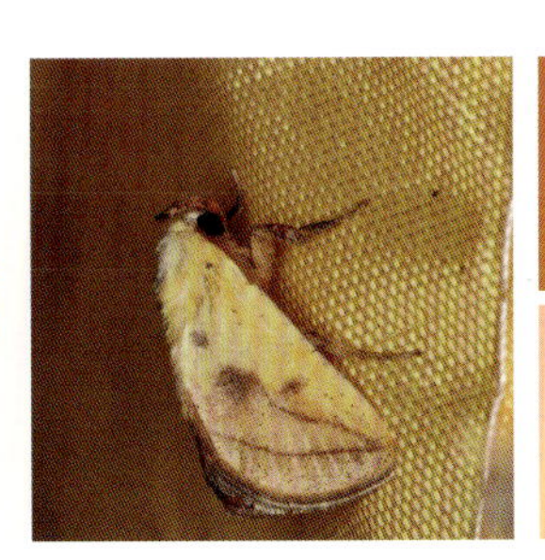

**形态特征** 成虫体长约 13mm，橙黄色；前翅黄褐色，具倒“V”纹线 2 条；后翅灰黄色。卵扁椭圆形，长约 1.5mm，淡黄色。老熟幼虫体长约 24mm，体背具两头宽、中间窄的鞋底状紫红色斑纹；枝刺长短不一，上具黄绿色毛。蛹，椭圆形，约 15mm，淡黄褐色。茧椭圆形，质坚硬，黑褐色，具灰白色不规则纵条纹，似雀蛋。

**生理习性** 一年 1 代。幼虫具毒毛，易引起人的皮肤痛痒。幼虫取食杨、柳、榆、海棠、月季、樱花等植物的叶。

# 光眉刺蛾

*Narosa fulgens*

**形态特征**　成虫体长约10mm，灰白，带浅褐色；前翅具黄褐色斑纹，端线具1列小黑点。卵椭圆形，黄色。幼虫黄绿色，全身光滑，无枝刺；背上具4个红色斑点。蛹卵圆形，褐色。茧椭圆形，灰褐色。

**生理习性**　一年2代。虽为刺蛾科但幼虫无毒刺，取食月季、紫荆、核桃、石榴等植物的叶。

# 褐边绿刺蛾

*Parasa consocia*

**形态特征** 成虫体长约18mm；前翅大部分绿色，基部暗褐色，外缘具褐色宽条，故名；后翅淡黄色，外缘稍带褐色。卵椭圆形，扁平，初产时乳白色，渐变为黄绿至淡黄色。幼虫体长约25mm，圆筒形，背中线天蓝色；体背具蓝斑；枝刺长短较均匀，大部分为绿色，首尾具黑色。蛹长约15mm，椭圆形，黄褐色。茧椭圆形，棕色或暗褐色。

**生理习性** 一年1代。幼虫具毒毛，易引起人的皮肤痛痒。成虫昼伏夜出。幼虫取食悬铃木、刺槐、苹果、核桃、紫薇、白蜡等植物的叶。

# 扁刺蛾

*Thosea sinensis*

**形态特征** 成虫体长约15mm，暗灰褐色；前翅灰褐色，布褐色鳞片，具1条暗褐色斜纹。卵扁平光滑，椭圆形，初为淡黄绿色，后变为灰褐色。幼虫共8龄，老熟幼虫体长约25mm，椭圆形，扁平，背部稍隆起；背中具1条白色纵线，体侧从刺发达。蛹长约12mm，椭圆形，初为乳白色，后为黄褐色。茧长约14mm，圆球形，暗褐色。

**生理习性** 一年1代。幼虫具毒毛，易引起人的皮肤痛痒。幼虫取食杨、梨、桃、枫杨、泡桐、柿等植物的叶。

# 梨叶斑蛾

*Illiberis pruni*

**形态特征** 成虫体长约11mm，暗灰黑色，翅半透明。卵椭圆形，初产白色，后紫褐色。老熟幼虫体长约20mm，头缩在前胸下，月白色或淡黄色，中胸至第8腹节背线两侧各有1个较大的圆形黑斑，各节有6个横列的白色瘤状突起，其上各生有数十根细白毛。蛹黄白色，外被丝茧。

**生理习性** 一年1代。幼虫取食梨、海棠、苹果等植物的叶，常将叶片缀合成“饺子”状，藏匿其中进行取食。

# 小线角木蠹蛾

*Holcocerus insularis*

**形态特征** 成虫体长约22mm，灰褐色，翅面上密布黑色短线纹。卵椭圆形，乳白至褐色。幼虫初孵时粉红色，老熟时头部黑紫色、胸腹部背板浅红色，有光泽。蛹暗褐色，体稍向腹面弯曲。

**生理习性** 两年1代，以幼虫在干枝木质部内越冬。成虫羽化后蛹壳一半露在树干外，一半留在树干内。幼虫蛀食白蜡、银杏等。

# 草小卷蛾

*Celypha flavipalpana*

**形态特征** 成虫翅展约 13mm；下唇须白色，末节细而上举；胸背及前翅褐色间灰白色；前翅具 5 对白色钩状纹；后翅褐色，缘毛灰白色；雄成虫较雌成虫体色深。卵椭圆形，长约 0.5mm，淡黄色。老熟幼虫体长约 10mm，圆柱形，浅黄棕色。蛹黄褐色，长约 6.5mm。

**生理习性** 幼虫会吐丝，取食百里香、玉米等植物的叶。

# 苹大卷叶蛾

*Choristoneura longicellana*

**形态特征** 成虫翅展约25mm，头胸黄褐色；雄蛾胸端部具1黑斑；雌蛾前翅近四方形，雄蛾前翅在顶角之前凹陷，顶角凸出。

**生理习性** 幼虫取食苹果、梨、杏、沙果、山楂、柿等植物叶、花和果实。

# 棉双斜卷蛾

*Clepsis pallidana*

**形态特征**　成虫体长约 7mm，前翅浅黄色至金黄色，具金属光泽；雄蛾翅面上有 2 条红褐色斜斑。卵半球形，直径约 0.6mm。幼虫体长约 17mm，浅绿色。蛹长约 8mm，纺锤形，黄褐色。

**生理习性**　一年 2 代。幼虫取食绣线菊、锦鸡儿、苜蓿等植物的叶。

# 灰棕金羽蛾

*Agdistis adactyla*

**形态特征**　成虫体灰褐色，静栖时身体呈“Y”状；翅完整不分裂，抱器背臂缺失，爪形突小，端部分叉。

**生理习性**　幼虫取食菊科、藜科植物。

鳞翅目
羽蛾科

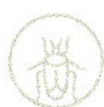

# 甘薯异羽蛾

*Emmelina monodactyla*

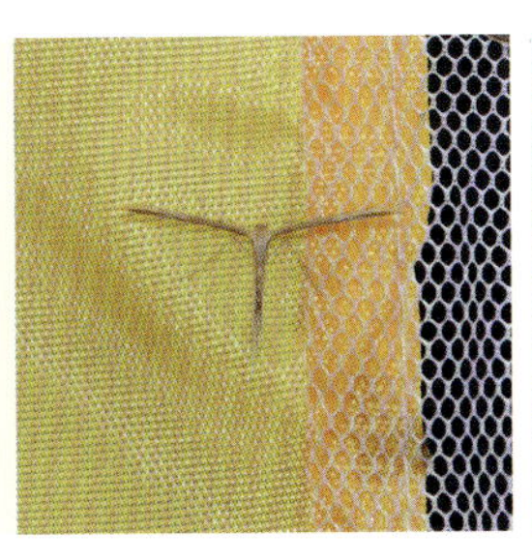

**形态特征** 成虫体长约9mm，翅展20～22mm，灰褐色；触角淡褐色，唇须小，向前伸出；前翅灰褐色披有黄褐色鳞毛，翅面上具2个较大黑斑点，后缘具分散的小黑斑点；后翅分为3支，周缘缘毛整齐排列；停栖时身体呈“T”形。卵扁圆形，表面具小刺，绿色。末龄幼虫头褐绿色，隐在前胸背板下。蛹长7～8mm，腹面扁平，纺锤形，浅绿色。

**生理习性** 一年2代。幼虫取食甘薯叶片。

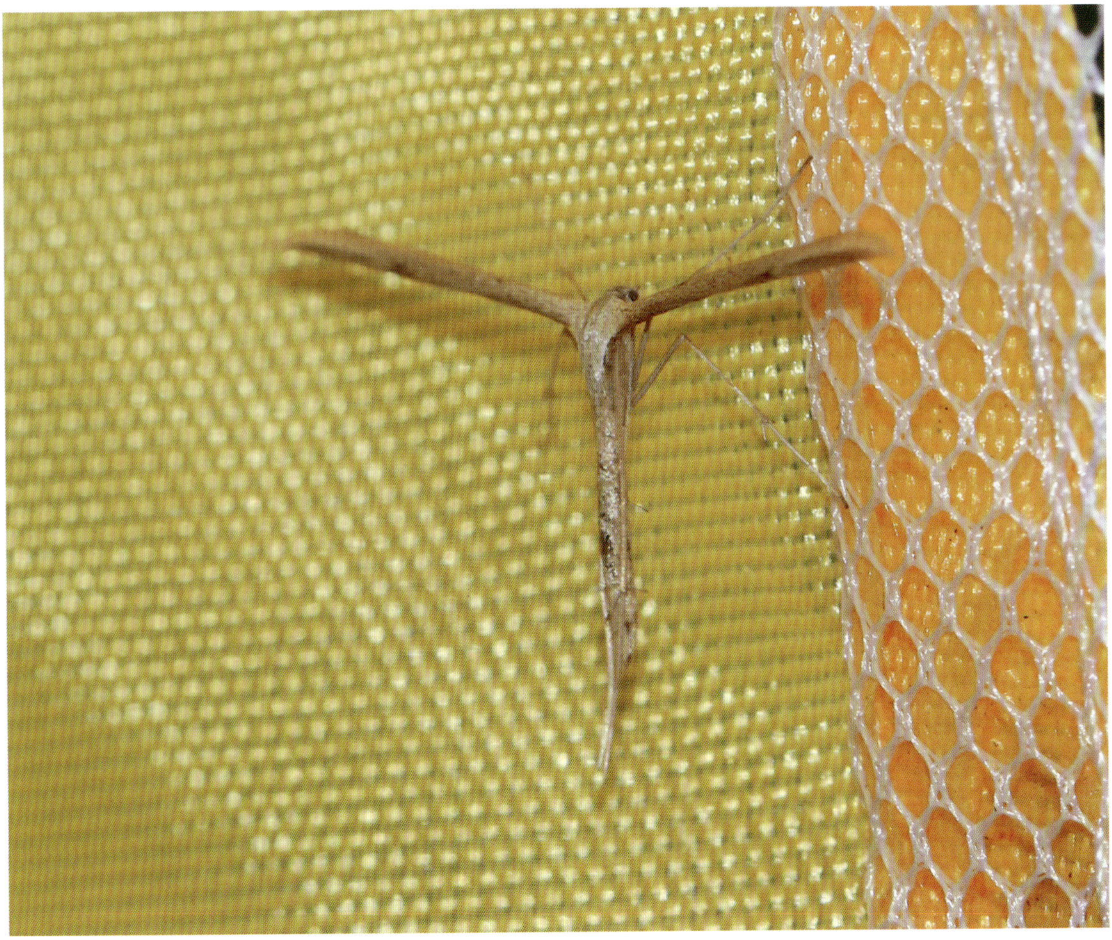

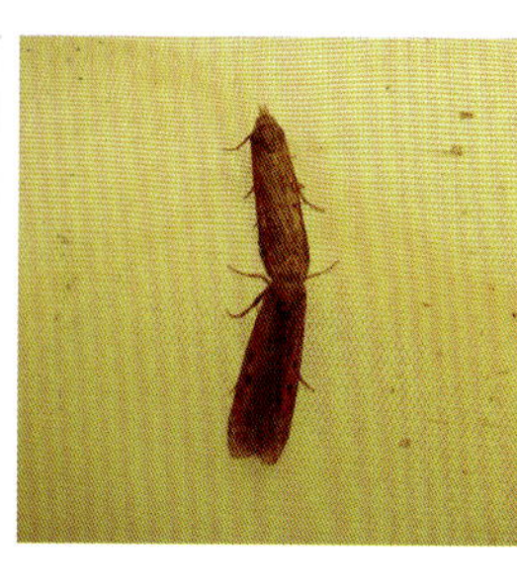

# 二点织螟

*Aphomia zelleri*

**形态特征**　成虫体长约10mm，暗灰褐色；前翅灰褐色稍白，后翅灰褐色稍红，前翅具一圆形褐斑。

**生理习性**　一年1代。幼虫取食苔藓或贮藏粮食。

# 微红梢斑螟

*Dioryctria splendidella*

**形态特征** 成虫体长约14mm，灰褐色，触角丝状；前翅暗灰色，具黄斑和4条白色横纹。卵椭圆形，长约0.8mm，黄白色，具光泽，近孵化时变为樱红色。幼虫头部及前胸背板红褐色，体表具褐色毛片。蛹长椭圆形，长约13mm，黄褐色。

**生理习性** 一年2代。幼虫蛀食油松、马尾松、华山松、湿地松、红松等植物的嫩梢。

# 双线云斑螟

*Nephopterix bilineatella*

**形态特征** 成虫翅展约20mm，雄蛾头顶具灰褐色鳞毛突起，雌蛾被灰白色粗糙鳞毛；前翅烟灰色，具黑色宽边。

# 红云翅斑螟

*Oncocera semirubella*

**形态特征** 成虫体长约 10mm，前翅黄色，前缘黄至银白色，近前缘常具一条红色宽纵带，翅内缘鲜黄色，缘毛桃红色，后翅银灰色。卵初为白色，后为浅黄色，孵化前略呈红色，扁椭圆形，长约 1mm。初龄幼虫灰白色，老熟幼虫灰绿兼暗红色，体长约 20mm。蛹初为绿色，后为棕红色，长约 10mm，外被茧壳。

**生理习性** 一年 2 代。幼虫取食苜蓿或柳的嫩梢。

# 灰直纹螟

*Orthopygia glaucinalis*

**形态特征** 成虫体长约12mm，丝状触角；翅灰褐色，具2条灰白色横线。卵椭圆形，长约0.6mm，表面具花瓣状细刻纹，表面覆盖胶质物，初产时淡白色，后渐变为黄白色。幼虫初孵时淡黄白色，后变为黑褐色，头部两侧各具6个单眼，排列成半环形；腹足5对。蛹纺锤形，长约11mm，蛹外被具灰白色丝茧。

# 稻巢草螟

*Ancylolomia japonica*

**形态特征** 成虫体长约 12mm；前翅灰色，具白色和黄褐色纵纹，沿翅脉具黑点线，外缘具波状花纹；停息时双翅如卷筒，外缘如裙边。卵栗形，浅褐色，乱堆上具稀少绒毛与胶质物。老熟幼虫体灰黄白色，头、前胸背板黑褐色。蛹黄褐色。

**生理习性** 幼虫吐丝缀叶，日夜取食水稻的叶。

# 黄翅缀叶野螟

*Botyodes diniasalis*

**形态特征** 成虫体长约 14mm，鲜黄色；前翅黄色，具褐色波状横纹，具褐色斑 1 个；后翅褐黄色，具肾形纹。卵扁圆形。幼虫黄绿色，长约 25mm，体两侧具黑褐色斑点 1 个。蛹黄褐色，茧丝质。

**生理习性** 一年 3 代。幼虫对外界干扰敏感，稍具惊动即从卷叶中弹跳出或者吐丝下垂。幼虫吐丝缀叶或成饺子状，取食杨、柳等植物嫩叶。

# 黄纹髓草螟

*Calamotropha paludella*

**形态特征** 雌蛾翅展约 35mm，雄蛾翅展约 19mm；前翅白色，具淡黄色斑点。

**生理习性** 幼虫取食香蒲的叶。

# 黄杨绢野螟

*Diaphania perspectalis*

**形态特征** 成虫体长约15mm，绢白色；头部暗褐色；翅白色，半透明，具绢丝光泽，外缘黑褐色。卵椭圆形，长约1mm，鱼鳞状排列，初产时白色，孵化前为淡褐色。幼虫老熟时体长约45mm，头黑褐色，胸腹部浓绿色，表面具光泽的毛瘤及稀疏毛刺。蛹纺锤形，棕褐色，长约25mm，以丝缀叶成茧。

**生理习性** 一年2代。老熟幼虫黏合两片叶子结包化蛹，翌年出包。幼虫取食小叶黄杨、珍珠黄杨、雀舌黄杨等植物的叶。

张雷 摄

# 桑绢野螟

*Diaphania pyloalis*

**形态特征** 成虫体长约10mm，体背棕褐色；复眼大，黑色，球形；翅白色具绢丝光泽，具棕褐色带。卵长约0.7mm，扁圆形，浅绿色，表面具蜡质。老熟幼虫长约22mm，绿色，头淡棕色。蛹长约10mm，长纺锤形，黄褐色。

**生理习性** 一年2代。幼虫能吐丝缀叶，取食桑的叶。

# 四斑绢野螟

*Diaphania quadrimaculalis*

**形态特征** 成虫翅展约35mm，体背黑色，两侧白色；前翅黑色，翅中具4个白斑，顶角处的白斑下方由5个小白点组成纵列；后翅白色，沿外缘具一黑色宽带。

**生理习性** 一年1代。幼虫取食萝摩等植物的茎、叶。

张雪 摄

张雪 摄

张雪 摄

# 桃蛀螟

*Dichocrocis punctiferalis*

**形态特征** 成虫体长约 10mm，黄色，体、翅表面具许多黑斑点，似豹纹；复眼黑褐色，球形。卵椭圆形，表面粗糙布细微圆点，初乳白色，渐变橘黄、红褐色。老熟幼虫体长约 22mm，体色多变，具淡褐、浅灰、浅灰兰、暗红等色；头暗褐。蛹长约 13mm，初淡黄绿色，后变褐色。茧灰褐色，丝质。

**生理习性** 一年 2～3 代。幼虫取食桃、李、杏、苹果、山楂、向日葵、悬铃木等植物的小枝、果实。

# 棉褐环野螟

*Haritalodes derogata*

**形态特征** 成虫体长约 12mm，体黄白色，具光泽，前后翅具褐色波状纹。卵椭圆形，长约 0.1mm，初产时乳白色，后变为淡绿色，孵化前变为灰白色。老熟幼虫体长约 25mm，头扁平，赤褐色，并具不规则的深紫色斑点，胸腹部淡绿色。蛹长约 14mm，棕红色。

**生理习性** 一年 3~4 代。幼虫能吐丝缀叶，取食木槿、木芙蓉、扶桑、蜀葵、木棉等植物的叶。

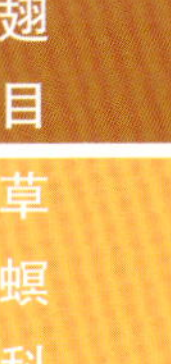


# 葡萄切叶野螟

*Herpetogramma luctuosalis*

**形态特征** 成虫体灰黑色，前翅黑褐色，中部具 3 个淡黄色斑；后翅黑褐色，具小黄点，具 2 个黄斑，外缘黄色。

**生理习性** 一年 2～3 代。幼虫将葡萄的叶卷成圆筒状，藏于其间取食叶片。

# 豆荚野螟

*Maruca vitrata*

**形态特征** 成虫体长约15mm，灰褐色；前翅黄褐色，具白色透明斑，具紫色闪光；后翅白色半透明，外缘线暗褐色。卵椭圆形，扁平，初产时淡黄绿色，后渐变成淡黄色。老熟幼虫长约18mm，黄绿色。蛹长约13mm，初为黄绿色，后变为黄褐色。

**生理习性** 一年3~4代。幼虫蛀食大豆、豌豆等豆科植物的花、嫩叶、豆荚。

# 贯众伸喙野螟

*Mecyna gracilis*

**形态特征** 成虫翅展约 22mm；头黄褐色，两侧具白条纹；触角黄褐色微毛状；胸、腹部背面黄褐色；翅黄色，前翅前缘灰褐色，后翅具一紫褐色条斑，双翅外缘具紫褐色宽带，缘毛紫褐色。

# 稻筒水螟

*Parapoynx vittalis*

**形态特征** 成虫体长约 7mm，白色，具黑色横带；翅面黄褐、白、黑相间，缘毛白色；前翅具 2 个黑斑。卵白色，长柠檬形，一端尖嘴状，底平坦，表生纵沟。老熟幼虫体长约 13mm，黄白灰色，光滑无毛。蛹长约 8mm，浅黄色，赤褐色。

**生理习性** 幼虫取食水稻、看麦娘、眼子菜等植物的叶。

# 旱柳原野螟

*Proteuclasta stötzneri*

**形态特征** 成虫体长约16mm，灰白色，头褐色，具3条白色纵纹；前翅灰褐色，具一条雪白宽带；后翅灰白色，向外缘渐成褐色，在外缘形成一条较宽的横带。卵扁椭圆形，扁平，表面具细网状纹，初产时乳白色，后呈淡红色至褐色，卵块呈条状。老熟幼虫体长约22mm，体灰黄色，体表密被黑色毛片。蛹长约15mm，淡黄褐色。

**生理习性** 一年3～4代。幼虫能吐丝缀叶，取食杠柳等植物的叶。

# 纯白草螟

*Pseudocatharylla simplex*

**形态特征** 翅展约22mm；头尖眼大，触角黄褐色，下唇须白色细长；胸、腹部白色；足黄褐色；前翅银白色，翅前缘具一条黄褐色细线；后翅雪白色；前后翅腹面前缘暗褐色。

# 白缘苇野螟

*Sclerocona acutella*

**形态特征** 成虫体长约13mm，黄褐色；前额突出，两侧具折条纹，触角浅黄白色；前翅橙黄，后翅淡黄，足白色稍带黄褐色。卵椭圆形，初产时白色，具光泽，渐变为黄褐色，孵化前变为棕黄色。老熟幼虫体长约25mm，头黑褐色，体绿色。蛹长约13mm，棕红色。

**生理习性** 一年3代。幼虫取食芦苇的叶。

# 楸蠹野螟

*Sinomphisa plagialis*

**形态特征** 成虫体长约15mm，体及翅污白色，具褐色斑；前后翅翅脉褐色，前翅具褐色方形大斑。卵椭圆形，长约1mm，初乳白色，后红色，透明，表面密布小刻纹。幼虫老熟时长约22mm，灰白色，体节上毛片褐色。蛹纺锤形，长约15mm，黄褐色。

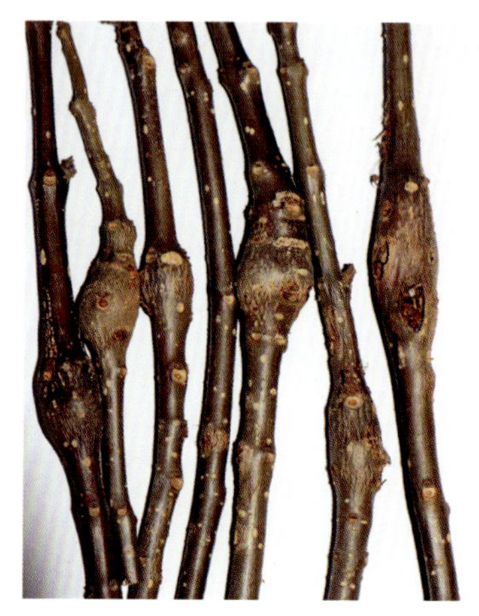

**生理习性** 一年2代。以老熟幼虫在枝梢内越冬。幼虫取食楸、梓等的小枝。受害部位会形成纺锤形虫瘿。

# 细条纹野螟

*Tabidia strigiferalis*

**形态特征** 翅展约 20mm；胸部背面黄白色或淡黄色，各节均具褐色斑；翅白色，具很多黑斑，外缘具黑点阵，缘毛浅褐色。

# 大尾蛾

*Wockia magna*

**形态特征** 成虫灰褐色，前翅长约 8mm；触角丝状。幼虫结茧化蛹，茧垂悬于叶片下 30cm 左右空中，镂空，形似网兜，底部有开口，孵化后从此飞出。

虞国跃 摄

# 杨枯叶蛾

*Gastropacha populifolia*

**形态特征** 成虫体长约35mm，口吻退化，复眼黑色、球形；体翅黄褐色，前翅顶角特长，静止时从侧面看酷似一片“枯叶”，故名。卵长约1.5mm，白色近球形，上具绿至黑色不规则斑纹。幼虫体扁平，青灰色，密被纤细长毛。蛹红褐色，茧灰白色，长椭圆形。

**生理习性** 一年1代。幼虫昼伏夜出，白天常紧贴于树皮，利用身体扁平优势进行隐藏，取食杨、柳、苹果、梨、杏、桃、李、樱花、梅花等植物的叶。

鳞翅目 枯叶蛾科

# 黄褐天幕毛虫

*Malacosoma neustria testacea* Motschulsky

**形态特征** 成虫体长约14mm，雌雄异型，雌蛾灰白色，雄蛾黄褐色。卵灰白色，箍形，在植物小枝上环状排列，形如缝纫的“顶针”。老熟幼虫体长约50mm，身体布满蓝色、黄色、白色、黑色条纹。蛹黄褐色，长约25mm，外被淡黄色茧。

**生理习性** 一年1代。幼虫会吐丝做巢、结网幕，昼伏夜出，取食山桃、蔷薇、柳等植物的叶。

袁菲 摄

张雪 摄

# 绿尾大蚕蛾

*Actias selene*

**形态特征** 成虫体长 32～38mm，翅展 100～130mm，豆绿色，翅粉绿色，前后翅中央各有一椭圆形眼斑，外侧有 1 条黄褐色波纹，后翅臀角延伸呈燕尾状，长约 40mm。卵球形稍扁，直径约 2mm，初产为米黄色，孵化前淡黄褐色，卵面具胶质黏连成块。1～2 龄幼虫体黑色，3 龄幼虫全体橘黄色，4 龄体渐呈嫩绿色，化蛹前呈暗绿色，老熟幼虫体长约 73mm。蛹长约 50mm，红褐色，外有灰褐色厚茧，茧黏附在寄主的叶片上。

**生理习性** 一年 2 代。幼虫取食枫杨、木槿、樱花、海棠、杏、白榆、加杨、垂柳等植物的叶。

# 榆绿天蛾

*Callambulyx tatarinovi*

**形态特征** 成虫体长约30mm，绿色；头部两触角间有白纹；胸背墨绿色；各腹节后缘具白边；前翅绿色，具深绿色斑；后翅鲜红色，外缘绿色，前后缘白色。卵球形，绿色。老熟幼虫体长约65mm，绿色，体布淡黄色颗粒，具7条黄白斜纹；尾角1根，紫绿色。蛹长约35mm，褐色。

**生理习性** 一年2代。幼虫取食榆、榉、柳、杨、卫矛等植物的叶。

# 深色白眉天蛾

*Celerio gallii*

**形态特征** 成虫翅展约 80mm，茶褐色；头胸两侧具白色绒毛；前翅具 1 条米黄色斜带；后翅翅基部黑色，具黄色和暗红色斑；腹部背面两侧具黑白斑。

**生理习性** 幼虫取食茜草、凤仙花、大戟、柳叶菜等植物的叶。

# 白薯天蛾

*Herse convolvuli*

**形态特征** 成虫体约50mm，体侧具白、红、黑色的条纹；体翅暗灰色，具暗褐色横带。卵球形，直径约2mm，淡黄绿色。老熟幼虫长约60mm，体色土黄、绿色两种。蛹长约55mm，暗红色，口器吻状，延伸卷成环状。

**生理习性** 一年1～2代。幼虫取食甘薯、田旋花等植物的叶。

# 小豆长喙天蛾

*Macroglossum stellatarum*

**形态特征** 成虫翅展约45mm，体粗壮，腹部暗灰色；尾毛棕色扩散为刷状；翅面暗灰褐色，前翅具黑色纵纹，后翅橙黄色；喙极长，便于吸食花蜜。

**生理习性** 一年1代。成虫可悬停在空中吸食二月兰、丁香、百合、醉鱼草等植物的花蜜。幼虫取食茜草、蓬子菜等植物的叶。

# 红天蛾

*Pergesa elpenor lewisi*

**形态特征** 成虫体长约35mm，体、翅以红色为主，具闪光；后翅红色，靠近基半部黑色。卵圆形，粉红色。老熟幼虫体长约75mm，绿色或褐色。蛹纺锤形，长约45mm，灰褐色。

**生理习性** 一年1代。幼虫取食茜草、凤仙花、地锦、千屈菜、葡萄等植物的叶。

# 丁香天蛾

*Psilogramma increta*

**形态特征**　成虫体长约35mm，麻灰色；前翅灰白，具不明显的黑线，后翅棕黑，外缘具白色断线，具2块椭圆形灰白色斑。幼虫淡绿色。蛹暗红色，口器吻状，延伸卷成环状。

**生理习性**　一年2代。幼虫取食丁香、女贞、白蜡等植物的叶。

# 蓝目天蛾

*Smerithus planus planus*

**形态特征** 成虫体长约35mm，灰黄色；后翅淡黄褐色，中央紫红色，具一个深蓝色的大圆眼状斑，斑外具一个黑色圈，圈上方为红色。卵椭圆形，长约1.8mm；初产鲜绿色，具光泽，后为黄绿色。老熟幼虫体长约75mm，青绿色，尾角斜向后方，长约8.5mm。蛹长柱状，长约40mm，初化蛹暗红色，后为暗褐色。

**生理习性** 一年2代。幼虫取食杨、柳、榆、梅、海棠、樱桃等植物的叶。

# 雀斜纹天蛾

*Theretra pallicosta*

**形态特征** 成虫体长约40mm，绿褐色；前翅黄褐色，具6条暗褐色斜条纹，后翅黑褐色，具橙灰色三角斑纹。老熟幼虫长约75mm，尾角呈“S”形弯曲。幼虫有绿色、赤褐色两型；后胸有两个小圆纹；第1、2腹节黄色大纹中间为青绿色，3~5腹节有黄色小纹；尾角呈“S”状弯曲。

**生理习性** 一年1代。幼虫取食葡萄、常春藤、地锦、常春藤、大花绣球等植物的叶。

# 春尺蠖

*Apocheima cinerarius*

**形态特征** 成虫雌雄异型：雌蛾无翅，体长约10mm，触角丝状，体灰褐色；雄蛾具翅，体长约12mm，体灰褐色，触角羽状。卵长圆形，长约1mm，初产时灰白色，后深紫色，具珍珠光泽。幼虫5龄，老熟幼虫灰褐色。蛹灰黄褐色，长约2mm。

**生理习性** 一年1代。幼虫受惊后会吐丝下垂，具暴食性，取食杨、柳、榆、元宝枫等植物的叶、嫩芽和花蕾。

# 大造桥虫

*Asmate setaria*

**形态特征** 成虫体长约15mm，一般为浅灰褐色，翅上的横线和斑纹均为暗褐色；雌蛾触角丝状，雄蛾触角羽状。卵长椭圆形，青绿色。老熟幼虫体长约40mm，黄绿至青白色。蛹红褐色，光滑，尾端具2根刺。

**生理习性** 一年2~3代。成虫昼伏夜出，善飞翔。幼虫能吐丝下垂，取食苹果、杨、榆、接骨木、紫穗槐等植物的叶、嫩芽和花蕾。

鳞翅目 尺蛾科

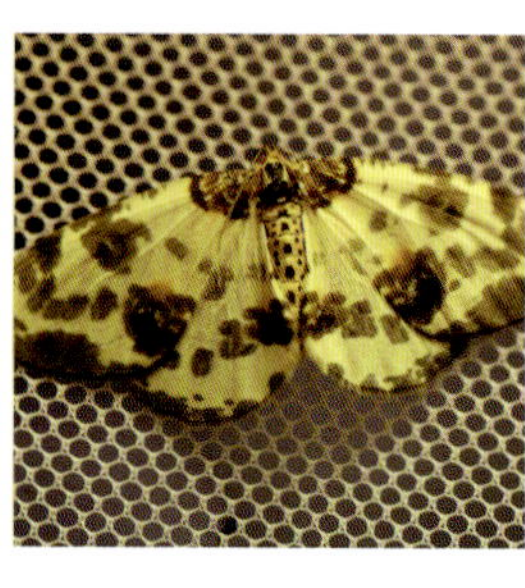

# 丝棉木金星尺蛾

*Calospilos suspecta*

**形态特征** 成虫体长约35mm，翅底银白色，具淡灰色及黄褐色斑纹。卵椭圆形，初产时灰绿色，近孵化时呈灰黑色。老熟幼虫体长约30mm，体黑色，纹线黄色、白色。蛹纺锤形，体长约15mm，初时头、腹部黄色。胸部淡绿色，后逐渐变为暗红色。

**生理习性** 一年3代。幼虫具假死性，受惊后会吐丝下垂，取食白杜、卫矛、大叶黄杨、榆、槐、杨、柳等植物的叶。

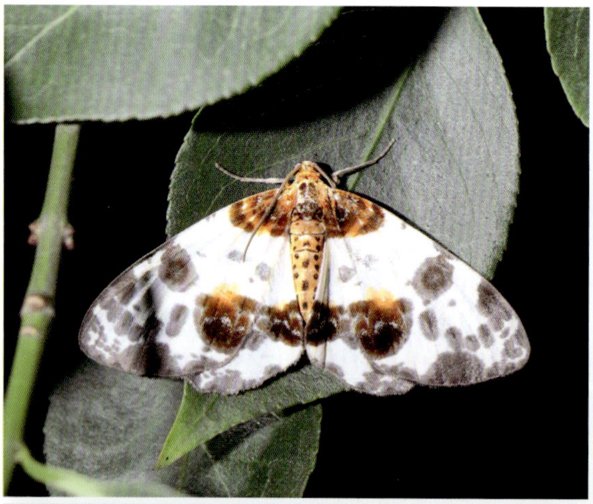

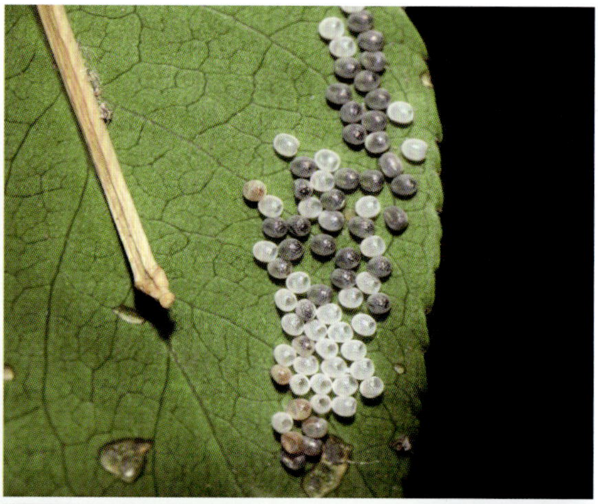

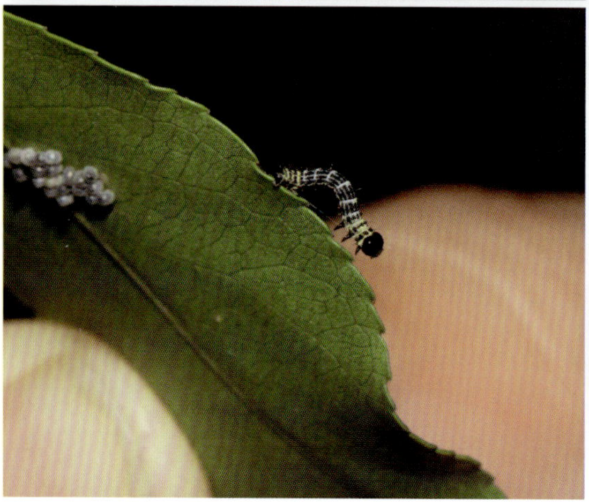

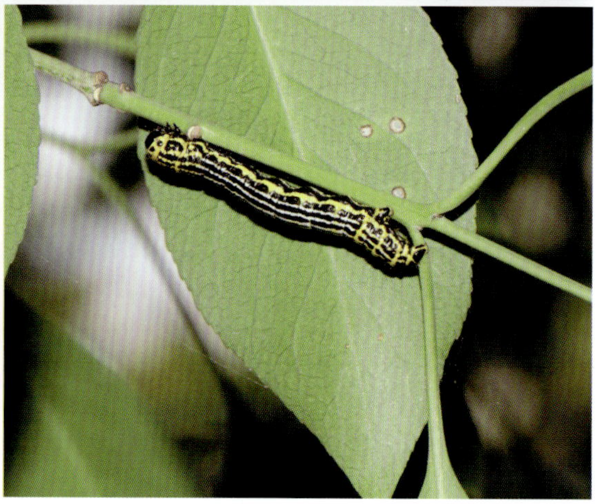

# 小红姬尺蛾

*Idaea muricata*

**形态特征** 成虫前翅长约9mm，桃红色，间黄色斑块；头额部、触角及足黄白色；翅桃红色，具黄色斑块，外缘及缘毛黄色。

# 桑尺蛾

*Phthonandria atrilineata*

**形态特征** 成虫体长约18mm，灰褐色，前翅具黑色曲线纹2条，后翅具黑色曲线纹1条。卵椭圆形，扁平，长约0.8mm。老龄幼虫圆筒形，灰绿色至灰褐色。蛹圆筒形，长约19mm，紫褐色。

**生理习性** 一年2代。幼虫休息时酷似一截“小树枝”。幼虫取食桑树的嫩芽、叶。

# 槐尺蛾

*Semiothisa cinerearia*

**形态特征** 成虫体长约 15mm，灰褐色，触角丝状；前后翅面上均具深褐色波状纹 3 条。卵椭圆形，初产时绿色，后渐变暗红色至灰黑色，卵壳透明。幼虫胸足 3 对，腹足 2 对，分为春型和秋型。蛹圆锥形，初为粉绿色，渐变为褐色。

**生理习性** 一年 3 代。幼虫受惊后吐丝下垂，取食槐、龙爪槐、蝴蝶槐的叶，具暴食性。

# 赞青尺蛾

*Xenozancla versicolor*

**形态特征** 成虫体长 7～8mm，翅展 18～24mm；胸腹背面红褐色，腹部第 2～4 节背面有立毛簇；翅银灰色，具红褐色鳞片，外线呈黑点状，在前翅近后缘和后翅近前角呈黑线状。

**生理习性** 幼虫取食枣树嫩叶，成虫具趋光性。

# 桑褶翅尺蠖

*Zamacra excavata*

**形态特征** 成虫体长约16mm，体灰褐色，静息时翅皱叠竖立。卵椭圆形，中央下凹，深灰色。老熟幼虫体长约35mm，黄绿色。蛹红褐色，纺锤形。

**生理习性** 一年2代。幼虫取食桑、杨、白蜡、榆、柳、栾树等植物的叶。

# 杨二尾舟蛾

*Cerura menciana*

**形态特征** 成虫体长约28mm，灰色，布黑色纹；胸背具6个黑点；前翅具锯齿状黑波纹外缘具黑点列；后翅白色。卵馒头形，红褐色，中央具1个黑点。幼虫初孵时黑色，后变为紫褐色、叶绿色，1对臀足退化成尾状，上密生小刺，末端赤褐，可伸缩，形如“两条尾须”，故名。蛹椭圆形，褐色，外被黑色坚硬茧壳。

**生理习性** 一年2代。幼虫取食杨、柳等植物的叶。

# 杨扇舟蛾

*Clostera anachoreta*

**形态特征** 成虫体长约 15mm，灰褐色；前翅扇形，顶端具 1 个灰褐色扇形大斑，故名。卵圆形，初橙红色，渐变为黑褐色。幼虫全身密被灰黄色长毛，头部黑褐色，胸部灰白色，侧面灰绿色，腹背灰黄绿色，每节具 8 个环形排列的橙红色瘤，两侧各具较大黑瘤 1 个，第 1 和第 8 腹节背中央具红黑色大瘤。蛹长圆形，约 16mm，褐色，外被丝质灰白色茧。

**生理习性** 一年 3～4 代。幼虫取食杨、柳等植物的叶。

# 杨小舟蛾

*Micromelalopha sieversi*

**形态特征** 成虫体长约 12mm，暗褐色或黄褐色；前翅具灰白色横线 3 条，后翅黄褐色。卵半球形，黄绿色。老熟幼虫体长约 22mm，灰绿色，头肉色，体侧具灰色肉瘤。蛹近纺锤形，褐色。

**生理习性** 一年 3 代。幼虫取食杨、柳等植物的叶。

# 榆白边舟蛾

*Nerice davidi*

**形态特征**　翅展33～45mm，头及前胸暗褐色，前翅前半部暗褐色，后半部在分界处白色，白色区内具1个月牙形暗褐色斑，外侧暗色斑尖形后突。

**生理习性**　幼虫取食榆叶。

鳞翅目 舟蛾科

# 槐羽舟蛾

*Pterostoma sinicum*

**形态特征** 成虫体长约 30mm，黄褐色；腹面具 4 条暗褐色纵线；前翅灰黄褐色，具双条锯齿形红褐色波纹；成虫收翅后酷似一片“朽木”。卵圆形，灰绿色；老熟幼虫体长约 55mm，扁圆筒形，头粉绿色，腹背淡绿色，腹面深绿色。蛹黑褐色，具 4 个臀刺，外被灰色茧壳。

**生理习性** 一年 2 代。幼虫取食刺槐、槐、龙爪槐、紫藤、紫薇等植物的的叶。

# 角斑台毒蛾

*Orgyia gonostigma*

**形态特征** 成虫雌雄异型：雌蛾体长约 17mm，无翅，被灰白或黄白色绒毛；雄蛾体长约 15mm，前翅红褐色，翅顶角处具 1 个黄斑，后缘角处具 1 个新月形白斑。卵扁圆形，乳白色，初产时淡绿色，后变为淡黄色，孵化前变为灰褐色。老熟幼虫体长约 40mm，体黑色，前胸背部和第八腹节背面各具 1 对黑色长毛，毛瘤上的刚毛灰白色，第 4 腹节缺毛瘤。蛹长约 15mm，圆锥形，褐色，外被灰黄色薄茧。

**生理习性** 一年 2 代。幼虫会吐丝下垂，取食月季、海棠、玉兰、苹果、山楂等植物的叶。

# 侧柏毒蛾

*Parocneria furva*

**形态特征** 成虫体长约20mm，灰褐色，前翅布满灰白色鳞片，具1个浅褐色斑。卵扁圆形，灰褐色，具光泽。老熟幼虫体长约29mm，绿灰色或灰褐色，头灰黑色，背具2条暗褐色细线；毛瘤上的刚毛褐色。蛹长约12mm，绿色，羽化前变为褐色，上具白色细毛。

**生理习性** 一年2代。幼虫取食侧柏、圆柏、黄柏等植物刚萌发的嫩叶尖端。

# 戟盗毒蛾

*Porthesia kurosawai*

**形态特征**　成虫体长约13mm，头部橙黄色，胸部灰棕色，腹部灰棕色带黄色，足黄色；前翅赤褐色布黑色鳞，前缘和外缘淡橙黄色；后翅黄色。卵扁圆形，长约1mm，中央稍凹，卵块表面具成虫脱落黄毛。老熟幼虫黑褐色。

**生理习性**　一年2代。幼虫取食槐、刺槐、茶、柑橘等植物的叶。

# 柳毒蛾

*Stilpnotia candida*

**形态特征** 成虫体长约18mm，白色，具绢丝光泽；雌蛾触角栉齿状，雄蛾触角羽状；前后翅白色；足白色，胫节和跗节具黑色环纹。卵圆形，灰白色，成块状堆积，外面覆具泡沫状白色胶质物。老龄幼虫体长约45mm，疣状突起上簇生黄白色长毛。蛹长约20mm，黑褐色。

**生理习性** 一年1代。幼虫会吐丝，昼伏夜出，取食柳、杨等植物的叶。

# 美国白蛾

*Hyphantria cunea*

**形态特征** 成虫体长约10mm，白色，前足基节及腿节端部为橘黄色；雌蛾触角锯齿状，前翅纯白色；雄蛾触角双栉状，前翅纯白色或白色上散生黑褐色斑点。卵圆球形，初产时淡绿色，后变至褐色，卵块上覆盖具白色鳞毛。老熟幼虫体长约22mm，头黑色，背部具1条黑色宽纵带，各体节毛瘤发达，背部毛瘤黑色，体侧毛瘤多为橘黄色。蛹红褐色，长约13mm。

**生理习性** 一年3代。幼虫取食桑、白蜡、悬铃木、臭椿、杨、柳等多种植物的叶，具暴食性。

# 粉缘钻夜蛾

*Earias pudicana*

**形态特征** 成虫翅展约20mm，粉绿色，或中后胸粉红色，唇须粉褐色；前翅黄绿色，前缘从基部到2/3处具1个粉白色条纹，翅中具1个红褐色圆点或消失；翅外缘褐色。幼虫灰白色，有褐色斑。

**生理习性** 幼虫取食柳、杨等植物的叶，并在嫩梢上吐丝做虫苞。

# 银纹夜蛾

*Argyrogramma agnata*

**形态特征** 成虫体长约15mm，灰褐色，胸背具褐色长鳞毛，耸立；前翅灰褐色，具2条银色横纹，中央具1个银白色三角形斑块；前翅后缘及外缘区闪金光。卵半球形，初产时乳白色，后为淡黄绿色。老熟幼虫体长约30mm，淡黄绿色，行走时体背拱曲。蛹长约20mm，具尾刺1对，具薄茧。

**生理习性** 幼虫具假死性，受惊后会卷缩掉地。幼虫取食菊花、美人蕉、大丽花、一串红、海棠、泡桐等植物的叶。

# 残夜蛾

*Colobochyla salicalis*

**形态特征** 成虫翅展约25mm，体背及前翅灰褐色，前翅几乎平展在体背，具3条几乎平行的横带，黄褐色，外衬棕褐色，外缘具黑褐色点列。

**生理习性** 幼虫取食柳、杨等植物的叶。

# 谐夜蛾

*Emmelia trabealis*

**形态特征** 成虫翅展约 20mm；前翅黄白色至黄色，翅前缘具 5 个黑斑，翅后缘及近中部各具 1 条黑色纵带，伸达翅的 3/4 处，与一横斑相连，横斑不达前缘，偶与前缘第 4 斑相连，横斑内具银色光泽的鳞片，翅中部具 2 个黑斑，可分别与纵带或横带相连；翅外缘具或多或少黑斑。

**生理习性** 幼虫取食田旋花、牵牛花、打碗花等植物的叶。

# 旋幽夜蛾

*Hadula trifolii*

**形态特征** 成虫体长13～17mm，雌、雄蛾触角均为线状，雄性具有纤毛；头部及胸部灰褐色，腹部黄褐色；前翅灰褐色，前缘具7个近三角形黑斑，中部后具2个大锯齿，几乎抵达翅缘，呈"W"形；后翅主体呈灰白色，外缘端颜色加深，呈灰褐色。卵散产，半球形，直径约0.6mm。幼虫共6个龄期，体色随虫龄以及食性不同而有较大变异，有绿色、黄绿色、褐绿色和褐色等颜色。蛹长12.4～15.9mm，刚化蛹时绿色，很快变为黄褐色，后加深呈红褐色，外包土茧。

**生理习性** 一年3代或多代。成虫昼伏夜出，具有很强的趋光性；幼虫取食豌豆、灰藜、田旋花、扁蓄、车前草等植物的叶。

# 棉铃虫

*Helicoverpa armigera*

**形态特征** 成虫体长约 18mm，体色多变，黄褐色、绿褐色、灰黄色等；前翅多为暗黄色，中央具 1 个褐色点；后翅灰白色，具褐色脉纹。卵近半球形，底部较平，直径约 0.45mm，初产时乳白色或淡绿色，渐变为黄色，孵化前变为紫褐色。老熟幼虫长约 45mm，初孵幼虫青灰色，以后体色多变。蛹长约 20mm，纺锤形，赤褐至黑褐色，外被土茧。

**生理习性** 一年 3～4 代。低龄幼虫能吐丝下垂。幼虫蛀食月季、木槿、菊花、大花秋葵、向日葵、美人蕉等植物的花蕾、叶。

# 瘦银锭夜蛾

*Macdunnoughia confusa*

**形态特征**　成虫体长约13mm；胸部具“V”字形毛簇，耸立；前翅棕黄色，闪金光；内线前半部不明显，后半部银色内斜，前端连接1个锭形银斑，银锭斑较相似种“银锭夜蛾”细瘦，故名。

**生理习性**　幼虫取食大豆、甘蓝、蒲公英、牛蒡等植物的叶。

# 标瑙夜蛾

*Maliattha signifera*

**形态特征** 成虫翅展约 16mm；前翅米白色，有淡褐色至草绿色斑块，外缘具黑色点列，后翅淡白褐色。

**生理习性** 幼虫取食莎草科植物的叶。

# 乏夜蛾

*Niphonyx segregata*

**形态特征**　成虫翅展约 30mm；体背褐色，具白色细横纹，横纹之间具深褐色斑点；前翅褐色，中间具深褐色波浪形宽带；宽带边缘白色。幼虫绿色。

**生理习性**　一年 2 代。幼虫取食葎草、啤酒花等植物的叶。

# 点眉夜蛾

*Pangrapta vasava*

**形态特征** 成虫翅展约 25mm；头、胸、腹及前翅褐色间杂灰色；前翅外缘齿形；后翅中室端具 4 个大小不一的黑边圆形小白斑；停歇时似一件悬挂的蓑衣。

**生理习性** 幼虫取食黑榆的叶。

# 黑点贪夜蛾

*Simplicia rectalis*

**形态特征**　成虫翅展约 30mm；体背及前翅黄褐色至灰褐色，唇须长，前伸稍微上翘；前翅内线褐色，波形；外线稍波状，中室端具 1 个褐斑，条形，外侧衬锈褐色。

# 庸肖毛翅夜蛾

*Thyas juno*

**形态特征** 成虫翅展约 85mm；前翅灰褐色，具 3 条黄棕色的横线，翅中具 1 大 1 小 2 个黑斑；前翅反面黄棕双色；后翅锈红色，翅中具大黑斑，内有粉蓝色钩形斑。

**生理习性** 幼虫取食桦、李、木槿等植物的叶。

# 陌夜蛾

*Trachea atriplicis*

**形态特征** 成虫体长约20mm，头、胸部黑褐色，腹部暗灰色；前翅棕褐色带铜绿色，具戟形白纹1个；后翅基部白色，具白纹。幼虫头部灰赭色，身体青色或红褐色。

**生理习性** 一年1代。幼虫取食月季、地锦、二月兰等植物的叶。

# 八字地老虎

*Xestia c-nigrum*

**形态特征** 成虫体长 11～13mm，翅展 29～36mm；头、胸灰褐色，足黑色有白环；触角丝状；前翅灰褐色略带紫色，后翅淡黄色，外缘淡灰褐色。卵半球形，长约 0.8mm，初乳白色，后变浅黄色至褐色。老熟幼虫体长 33～37mm，头黄褐色，有 1 对“八”字形黑褐色斑纹。蛹体长约 19mm，黄褐色。

**生理习性** 一年 2 代。幼虫取食雏菊、百日草、杨、柳、悬铃木等植物的根系。

# 菜粉蝶

*Pieris rapae*

**形态特征** 成虫体长约 17mm，黑色，有白色绒毛；翅为粉白色，前翅具 2 个黑斑。卵长瓶形，表面具网纹。老熟幼虫长约 35mm。 蛹纺锤形，长约 20mm，初为青绿色，后为灰褐色。

**生理习性** 一年 4 代。低龄幼虫会吐丝下垂。成虫吸食植物花蜜，幼虫取食二月兰、醉蝶花、羽衣甘蓝、大丽花等植物嫩芽、花蕾和叶。

# 多眼灰蝶

*Polyommatus eros*

**形态特征** 成虫体长约10mm，雄蝶前后翅正面蓝紫色，带闪光，布黑褐色斑线；前翅反面外缘具橙黄色斑，连成带状，黄带两侧有黑色圆形斑点；后翅反面中央有1个新月形黑色小斑块，新月斑周围有一圈黑色圆形斑块，外缘具橙黄色斑带，黄带两侧有黑色圆形斑点。雌蝶翅面颜色暗淡，近黑褐色。

# 柳紫闪蛱蝶

*Apatura ilia*

**形态特征** 成虫分春型和夏型，春型个体稍小，夏型色泽更艳。成虫翅展约60mm，色泽鲜艳，翅膀在阳光下能闪烁出强烈的紫光，故名；前翅约有10个白斑、4个黑点；前翅反面有1个黑色蓝瞳眼斑，后翅反面有1个小眼斑。卵半圆球形，初产时淡绿色，后变为褐色。老熟幼虫体长约35mm，绿色，头部具1对白色角状突起，端部分叉。蛹为垂蛹，绿色，长约30mm。

**生理习性** 一年1～2代。成虫喜吸食树汁或畜粪，飞行迅速。幼虫取食柳、杨等植物的叶。

# 柑橘凤蝶

*Papilio xuthus*

**形态特征** 成虫体长约30mm，雌雄异型，且有春、夏型之分；春型体型较小，雌蝶比雄蝶色深；夏型体稍大，雄蝶后翅前缘中部有1个明显黑斑，雌蝶无；翅黄绿色，前后翅外缘有宽大的蓝灰色带斑，臀角有黄橙色斑；具尾突。卵扁圆形，直径约1mm，初为黄色，后变为紫灰色。低龄幼虫似“鸟粪”，老熟幼虫草绿色，受到刺激时会伸出橘黄色的臭丫腺，并释放刺激性气味。蛹纺锤形，黄色。

**生理习性** 一年2～3代。成虫喜食花蜜，善飞翔。幼虫取食柑橘、花椒、柚等植物的叶。

# 柳蜷叶蜂

*Amauronematus saliciphagus*

**形态特征** 成虫体长约 5mm；翅透明，翅脉多为褐色；体毛灰色，很短；足黑色；胸腹部黑色；前胸背板后缘黄白色；中胸小盾片具闪亮光泽；尾须细长。老熟幼虫体约 10mm，体绿色，头褐色。蛹椭圆形，长约 8mm，绿色，茧土褐色。

**生理习性** 一年 1 代。成虫出蛰后，沿树干向上爬行或绕树飞舞。幼虫取食柳树的芽和叶。

# 中华厚爪叶蜂

*Stauronematus sinicus* Liu

**形态特征** 成虫体长约6mm，体黑色，有光泽，被稀疏白色短绒毛。触角褐色，密被褐色短绒毛。翅基片黄色，翅透明，具黑褐色翅痣和淡褐色翅脉。前足基节基部，前、中足跗节端部，后足胫节端部及跗节均为褐色，余为黄色。幼虫体长约2～14mm，头黑褐色，头顶绿色，体鲜绿色，其上有许多不均匀的褐色小圆点。胸部每节两侧各有4块黑斑，胸足黄褐色。

**生理习性** 一年4～5代。幼虫取食杨树的叶，由主侧脉两侧向叶缘取食，同时从口器中分泌出一种白色蜡质泡沫，取食时以3对胸足和臀足沿缺口边缘把握叶片，体呈倒“S”形。

膜翅目 蚁科

# 掘穴蚁

*Formica cunicularia*

**形态特征** 工蚁体长 4～7mm，褐黄色，触角及足为黄色，头和胸部具细密的纵长条纹，近无光泽，在细条纹间有很细小的线网。触角较长，甚粗，柄节达头顶。腹部光亮，卵圆形，被很稀的淡色细毛。

**生理习性** 常在路边、墙角、墙缝中筑巢，侵入室内窃食。

# 意大利蜜蜂

*Apis mellifera*

**形态特征**　工蜂体长 12～13mm，上唇及唇基黑色，没有明显的黄斑；腹部基部几节常具宽大明显的黄斑，但变化很大，甚至全黑；后翅中脉不分叉。

**生理习性**　飞行敏捷，嗅觉敏感，善于采集花蜜酿造蜂蜜，是重要的传粉昆虫。

# 黄胸木蜂

*Xylocopa appendiculata*

**形态特征** 雌蜂体长约24mm，体黑色，头顶后缘、胸部密被黄色长毛，腹部第1节背板前缘被稀黄毛，腹部末端被黑毛；翅褐色，端部较深，稍闪紫光。雄蜂与雌蜂相近，唇基、额及触角柄节前侧鲜黄色。

**生理习性** 独居蜂，常在干燥的木材上蛀孔营巢。采集苜蓿、荆条、木槿、蜀葵等植物的花粉，也可采集木虱的蜜露。

# 北京小直形马陆

*Orthomorphella pekuensis*

**形态特征** 体长约 4cm，身体扁条状，背部黑色，两侧镶金黄边。

**生理习性** 喜潮湿环境，以腐殖质为食。

# 第三篇 脊椎动物

脊椎动物是指有脊椎骨的动物，是脊索动物的一个亚门，是动物界中结构最复杂，进化地位最高的类群。本篇涉及到两栖纲、爬行纲、鸟纲和哺乳纲四大类。

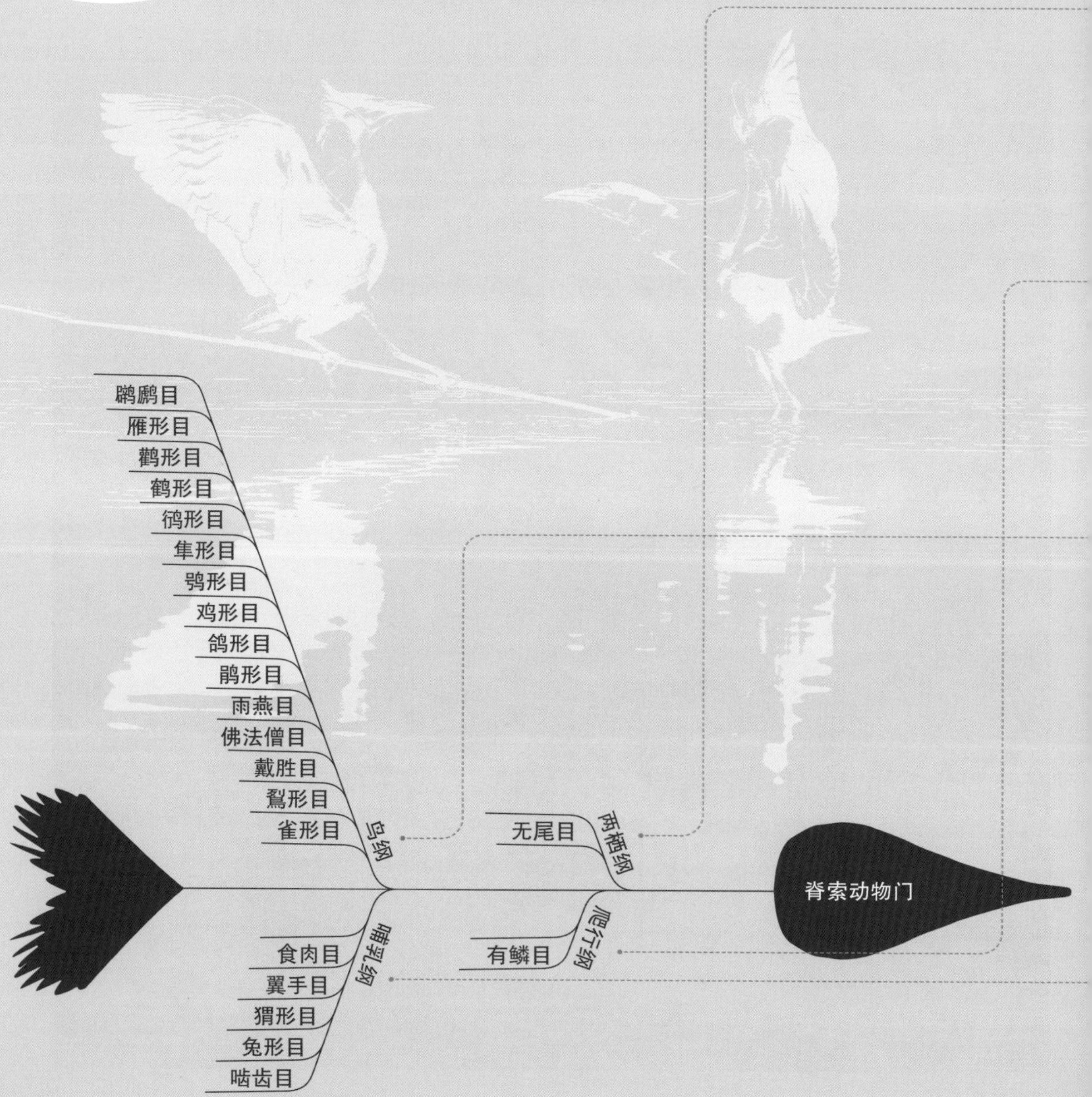

脊索动物门

两栖纲
无尾目

爬行纲
有鳞目

鸟纲
鹈鹕目
雁形目
鹳形目
鹤形目
鸻形目
隼形目
鸮形目
鸡形目
鸽形目
鹃形目
雨燕目
佛法僧目
戴胜目
鴷形目
雀形目

哺乳纲
食肉目
翼手目
猬形目
兔形目
啮齿目

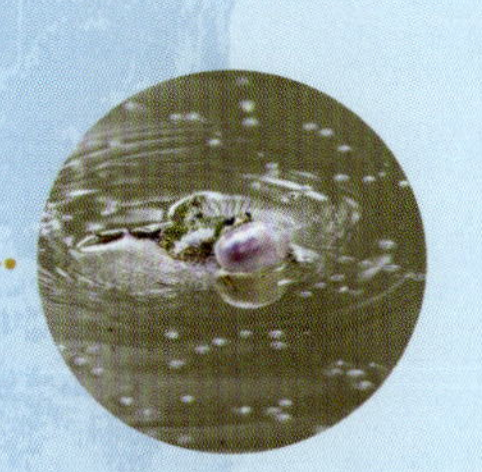

两栖纲是一类原始的、初登陆的、具五趾型的变温四足动物，皮肤裸露，分泌腺众多，混合型血液循环。其个体发育周期有一个变态过程，即以鳃呼吸生活于水中的幼体，在短期内完成变态，成为以肺呼吸能营陆地生活的成体。

爬行纲体温不恒定，是真正适应陆栖生活的变温脊椎动物，并由此产生出恒温的鸟类和哺乳类。爬行类不仅在成体结构上进一步适应陆地生活，其繁殖也脱离了水的束缚，与鸟类、哺乳类共称为羊膜动物。

鸟纲体均被羽，恒温，卵生，胚胎外有羊膜。前肢成翼，有时退化。多营飞翔生活。骨多空隙，内充气体。呼吸器官除肺外，有辅助呼吸的气囊。鸟纲是本篇主要展示的类群。

哺乳纲通称兽类。多数哺乳动物是全身披毛、运动快速、恒温胎生、体内有膈的脊椎动物，是脊椎动物中躯体结构的动物类群，因能通过乳腺分泌乳汁来给幼体哺乳而得名。

# 中华蟾蜍

*Bufo gargarizans*

**形态特征** 成体体长 79～120mm，皮肤粗糙，全身布满大小不等的圆形瘰疣，眼后方有圆形鼓膜，头顶部两侧有大而长的耳后腺 1 个。雄性较雌性小，在繁殖季节，雄蟾蜍背面多为黑绿色，体侧有浅色斑纹；雌蟾背面斑纹较浅，瘰疣乳黄色，有棕色或黑色的细花斑。

**生理习性** 喜湿、喜暗、喜暖。气温下降至 10℃以下，钻入砖石洞、土穴中或潜入水底冬眠。气温回升到 10℃以上结束冬眠，在水池朝阳面的浅水区或岸边活动。白天栖息于河边、草丛、砖石孔等阴暗潮湿的地方，傍晚到清晨常在塘边、沟沿、河岸、田边、菜园、路旁或房屋周围觅食，夜间和雨后最为活跃，主要以蜗牛、蛞蝓、蚂蚁、蚊子、孑孓、蝗虫、土蚕、金龟子、蝼蛄及多种有趋光性的蛾蝶为食。

# 虎斑颈槽蛇

*Rhabdophis tigrinus*

**形态特征** 南北方广泛分布的一种中型游蛇。背面翠绿色或草绿色，体前段两侧有粗大的黑色与橘红色斑块相间排列。颈背有较明显的颈槽；枕部两侧有一对粗大的黑色“八”形斑，躯干前段黑红色斑相间。

**生理习性** 栖息于海拔 30～2200m 的山地、农田、林地边缘等。多出没于有水草之处或农田、水沟、池塘等多蛙、蟾蜍的地方，也见于远离水域但潮湿多草的山坡。

奥丹珠拉 摄

鸊鷉目 鸊鷉科

# 凤头鸊鷉

*Podiceps cristatus*

**形态特征** 中型游禽，体长45～55cm。喙长而尖锐，头顶黑色，头顶两侧的羽毛延长，形成两束较显著的黑色冠羽，头后侧至喉具略延长的棕色饰羽，颈长，上体黑褐色，肩羽至次级飞羽有显著白斑，仅飞行时可见。前颈、胸、腹皆为白色。冬羽头侧棕色部分大多被白色取代。

**生理习性** 常见于水库、河流、湖泊等开阔而水流平缓的湿地，及较大面积水域的城市公园，北京主要为夏候鸟和旅鸟。擅潜水捕鱼和其他水生动物。以芦苇和水草营造浮巢；雌雄鸟共同参与孵卵和育雏，亲鸟常将刚孵化不久的雏鸟放于其背上活动。

宋会强 摄

# 小鸊鷉

*Tachybaptus ruficollis*

**形态特征**　小型游禽，体长25～32cm。雌雄同色。成鸟繁殖羽喙黑色，喙端白色，喙基具黄色椭圆形斑点；虹膜淡黄色；头顶、后颈及上体黑褐色，颊、前颈及颈侧栗色，胸及两胁灰褐色，腹部白色。成鸟非繁殖羽全身大致为褐色，颊、喉白色，颊及颈侧淡黄色。幼鸟头、颈部具黑白相间的纵纹。

**生理习性**　北京常见于湖泊、池塘、水库、河流等各类湿地水域，为甚常见夏候鸟和旅鸟，于冬季不封冻的水域亦有少蜇个体越冬。擅潜水捕食。非繁殖期集小群活动。鸣声为一连串响亮而尖锐的颤音。于水生植物丰富的湿地造浮巢繁殖，有将低龄雏鸟背负于背上的习性。

宋会强 摄

# 绿头鸭

*Anas platyrhynchos*

**形态特征** 中型游禽，外形大小如家鸭。雄鸟头颈呈辉绿色，颈基部具一条细白色领环，中央两对黑色尾羽末端上卷；雌鸟尾羽不卷，嘴端有黄褐色斑带。

**生理习性** 栖息于各种水域，集群活动，较常见。性好动、机警，受惊直飞上空。鸣声为清脆的“嘎—嘎—”。食杂性，以植物、节肢和软体动物、软体动物、粮食等为食。营巢于水域边的草丛中、树洞等处。

# 斑嘴鸭

*Anas zonorhyncha*

**形态特征** 中型游禽，体长 53～64cm。雄鸟喙黑色，近端处黄色；头顶深褐色，头侧乳白色，具深黑色贯眼纹，颈部淡褐色；上体褐色，翼上覆羽和初级飞羽深褐色，次级飞羽金属蓝绿色，具白色端斑和黑色次端斑；胸白色，具深色点斑；腹部及尾下覆羽深褐色。雌鸟与雄鸟相似，但下体羽色较淡。

**生理习性** 北京见于城区和郊区植被丰富的湿地，为常见夏候鸟、旅鸟和罕见冬候鸟。营巢于湿地草丛、灌丛和苇丛中。飞行时稍显笨重，振翼较慢。

宋会强 摄

# 赤麻鸭

*Tadorna ferruginea*

**形态特征** 中型游禽，体长46～55cm。雄鸟繁殖羽喙黑灰色；头顶棕色，头侧、颈部灰色，背部及小覆羽灰褐色，中覆羽和外侧大覆羽栗色，内侧大覆羽黑色；初级飞羽褐色，外侧次级飞羽黑色，内侧次级飞羽白色。腰、尾上和尾下覆羽黑色，尾羽褐色；胸部褐色，具白色鳞状斑；腹部白色，两胁褐色。雌鸟喙橙色，喙峰黑色，全身大致为褐色，具黑色鳞状斑。

**生理习性** 北京见于水库、湖泊和河流的开阔水面，为常见旅鸟。典型的河鸭习性，迁徙过境时喜集群活动，常与绿头鸭等其他过境鸭类混群。常以头下脚上的姿态倒栽在水中取食水生植物。于接近湿地的草丛或灌丛中筑巢。

宋会强 摄

# 普通秋沙鸭

*Mergus merganser*

**形态特征** 中型游禽，体长 58～68cm，为秋沙鸭中体型最大、分布最广的一种。喙暗红色，喙尖而长、端部下弯呈钩状。雄鸟繁殖羽具短冠羽，头及上颈黑色，具绿色金属光泽；上体灰褐色，翼上小覆羽灰色，大、中覆羽和次级飞羽白色，初级飞羽黑色，下颈、胸及其余下体白色。雌鸟头及上颈棕褐色，颜、喉白色，上体及两胁灰色，下体白色。雄鸟非繁殖羽似雌鸟。

**生理习性** 北京见于城区和郊区的河流、湖泊和水库中，为常见旅鸟和冬候鸟。非繁殖期常集数十只至数百只的群体活动。擅潜水捕鱼。起飞前需在水面助跑。

宋会强 摄

# 鹊鸭

*Bucephala clangula*

**形态特征** 小型游禽，体长 40～48cm，与其他鸭类相比显得头大、颈短、体型紧凑。雄鸟繁殖羽喙黑里色，虹膜黄色；头及上颈黑色，具绿色金属光泽，喙基有一圆形白斑；上体黑色为主，翼上小覆羽和初级飞羽黑色，中覆羽、大覆羽和次级飞羽白色；下体白色，仅尾下覆羽黑褐色。雌鸟喙深褐色，喙端橙黄色，头部至上颈棕褐色，上体、胸及两胁灰色，腹部白色。

**生理习性** 北京见于城区、郊区各种湿地的开阔水面，为区域性常见旅鸟及冬候鸟。非繁殖期多集成数十只的群体，擅潜水捕食。筑巢于树洞中。

# 苍鹭

*Ardea cinerea*

**形态特征** 大型涉禽，体 90～98cm。雌雄相似。喙黄色。眼先裸皮黄绿色。繁殖期头侧、枕和两条长辫状冠羽黑色。喙、颈和附蹈皆甚长，身体细瘦。上体苍灰，头、颈和下体白色，前颈有 2～3 列纵行黑斑，体侧有大型黑色块斑。飞行时颈部缩成“S”形，附跖伸于尾后，双翅缓慢扇动。

**生理习性** 北京甚常见于城区和郊区各种湿地，为夏候鸟、旅鸟和冬候鸟。常集群分散开缩着脖子站立不动，民间素有“长脖儿老等”之称。以鱼、虾、蛙等动物为食，亦见食小型哺乳动物。一般筑巢于岸边悬崖峭壁或高大乔木上。

# 池鹭

*Ardeola bacchus*

**形态特征** 中型涉禽，体长 37～54cm。雌雄相似。繁殖期喙黄色，尖端黑色，基部蓝色；虹膜黄色、眼先和脸黄绿色；头、后颈、颈侧和胸均为棕红色；具显著冠羽，长至背部，肩部蓝黑色，具蓑羽并向后伸达尾羽末端；翼、尾、额、喉部、前颈和腹部白色，飞翔时白翅白尾与黑色背非常明显。非繁殖期头、颈到胸部白色，具暗黄褐色纵纹，背暗褐色。

**生理习性** 北京甚常见于各种湿地，为夏候鸟。以鱼、蛙、小型爬行动物、节肢和软体动物等为食。集群营巢于高大乔木之上，卵蓝绿色。

宋会强 摄

# 白鹭

*Egretta garzetta*

**形态特征** 中型涉禽，体长 52～68cm。雌雄相似。体羽全白；喙黑色；眼先黄绿色；跗跖黑色，趾黄色。繁殖期枕部着生 2 根狭长而软的矛状饰羽；背和前颈具有蓑羽；面部裸皮黄色或黄绿色，繁殖期亦见粉色。非繁殖期全身白色，无饰羽。

**生理习性** 常见于各湿地生境，为旅鸟和夏候鸟及不常见冬候鸟。喜成小群活动于浅水处，以小鱼、虾、节肢和软体动物、蛙等小动物为食。集群筑巢在高大乔木上，卵灰蓝色或蓝绿色。

宋会强 摄

# 黄斑苇鳽

*Ixobrychus sinensis*

**形态特征** 小型涉禽，体长 30～37cm。雌雄相似。喙黄绿色，喙峰暗褐色；眼橙黄色。头顶和枕部蓝黑色，头侧、颈侧黄白色，微微沾粉。颈后部和背部黄褐色，腹部和翅覆羽土黄色，飞羽和尾羽黑色。附跗黄绿色。

**生理习性** 北京见于平原和低山丘陵地带的湿地苇丛、菖蒲中，为常见夏候鸟和旅鸟。常单独活动，性安静，以取食鱼类为主，常弯折芦苇茎、叶在离水面不高的苇杆上筑巢，卵白色。

宋会强 摄

# 夜鹭

*Nycticorax nycticorax*

**形态特征** 中型涉禽，体长45～65cm。雌雄相似。喙黑色，虹膜深红色，颈短，头顶及背部蓝灰色，眼先黄绿色。颊、颈侧、胸和两胁淡灰色，其余下体白色。跑跖黄色。繁殖期枕部向后伸2～3枚辫状白色饰羽，下垂至背上。幼鸟上体暗褐色，具浅色斑点，下体白，满布浅色细纵纹。

**生理习性** 北京常见于各种湿地。主要为夏候鸟和旅鸟。常集小群，傍晚开始活跃。成群筑巢于高大乔木上，卵蓝绿色。

宋会强 摄

# 白骨顶

*Fulica atra*

**形态特征** 小型涉禽，体长35～43cm。雌雄同色。成鸟喙和额甲白色；虹膜暗红色；通体黑色，两翼黑褐色，内侧次级飞羽端部白色，但仅飞行时可见，翼下灰色；附跖黄绿色，趾具瓣蹼。幼鸟虹膜深褐色；上体深灰色，额、喉、前颈、胸白色，下体淡灰色。

**生理习性** 活动于各类淡水水域，尤喜静水或水流速较慢且岸边具植被之地。在北京为常见旅鸟和夏候鸟，于冬季不封冻水面有少量越冬。常游于水面，擅潜水，较少似其他秧鸡般在近水植被中穿行。非繁殖期常集群活动于开阔水面。一般营巢于浓密的苇丛中。

宋会强 摄

# 黑水鸡

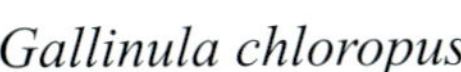

*Gallinula chloropus*

**形态特征**　小型涉禽，体长24～35cm。雌雄同色。成鸟喙鲜红色，喙端黄色或黄绿色，前额具红色额甲；虹膜暗红色；头、颈、上背、胸、腹蓝黑色，下背、两翼、腰、尾上覆羽和尾羽深褐色，两胁具白色纵纹，尾下覆羽中央黑色，两侧各具一块显著白斑；附黄绿色。幼鸟通体大致为褐色，颊、喉白色，无红色额甲。

**生理习性**　北京为甚常见夏候鸟，于冬季不封冻水面有少量越冬。喜集小群或家族群活动。常在岸边的植被间穿行，亦擅游水。不擅飞，起飞前需在水面助跑。营巢于苇丛中。活动于植物丰富的池塘、湖泊、河流、水库等地，亦见于城市公园水域。

宋会强 摄

鸻形目
反嘴鹬科

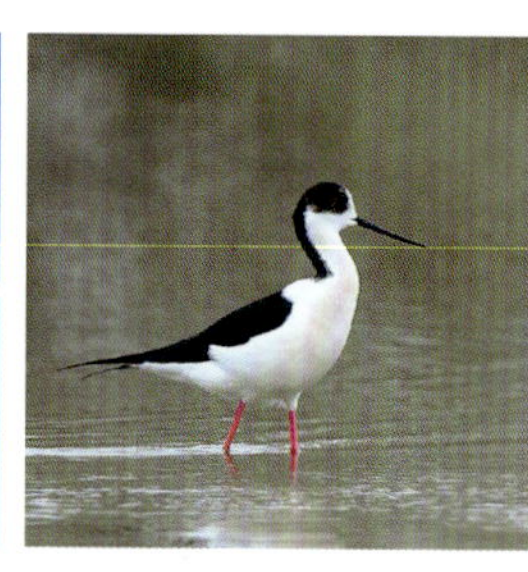

# 黑翅长脚鹬

*Himantopus himantopus*

**形态特征** 小型涉禽，体长29～41cm。喙和附跖皆甚为细长，极易辨识。雄鸟喙黑色；头顶、枕部至后颈黑色，前额、头侧、颈部大致为白色，背部及两翼黑色，腰、尾上覆羽和尾羽白色；下体白色；粉色。雌鸟似雄鸟但上体羽色较淡。幼鸟上体具褐色羽缘。

**生理习性** 北京见于开阔的湖泊、河流、沼泽等湿地的浅水处，为常见旅鸟和夏候鸟。繁殖期和非繁殖期皆喜集群活动。繁殖期常发出连续的鸣叫声。营巢于露出水面的沼泽、浅滩和草地上。

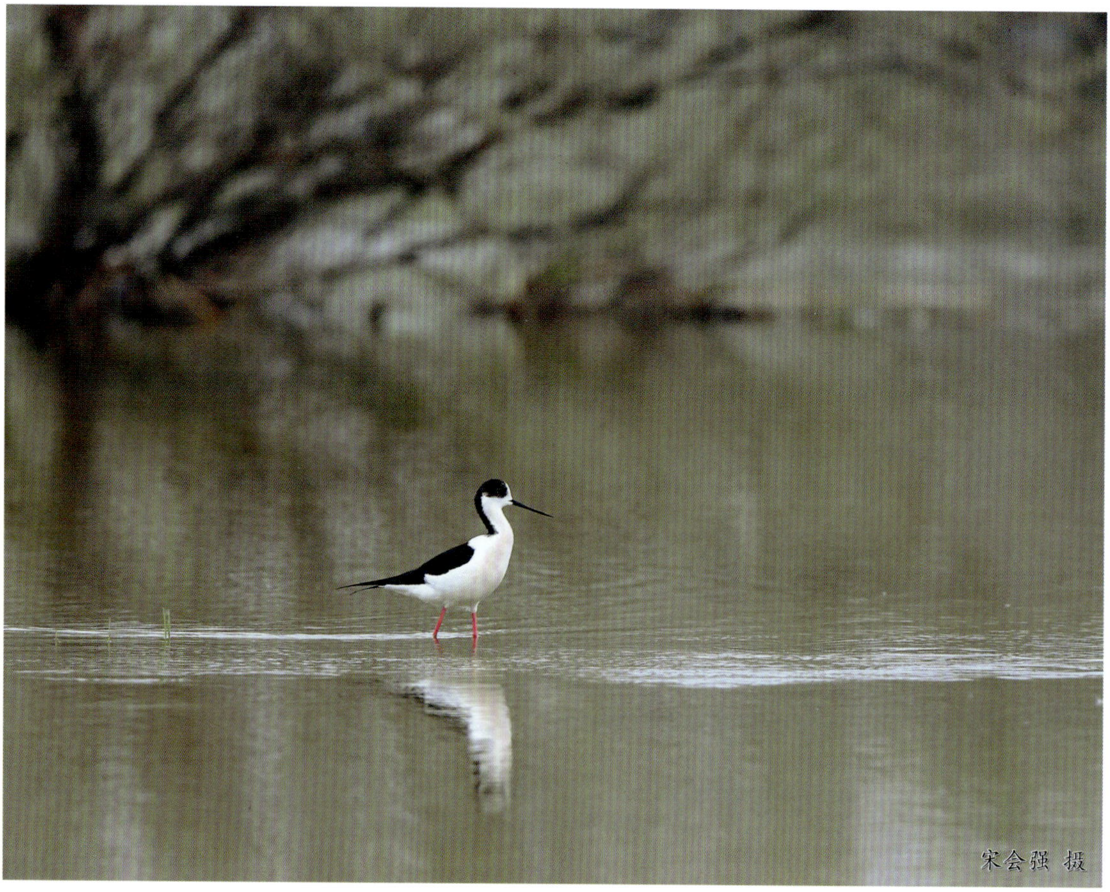

宋会强 摄

# 红嘴鸥

*Chroicocephalus ridibundus*

**形态特征** 小型游禽，体长37～43cm。雌雄同色。成鸟繁殖羽喙暗红色；虹膜暗褐色；头深棕色，具断开的白色眼圈；全身大部分为白色，背部及两翼灰色，外侧初级飞羽白色，端部黑色，其余飞羽尖端白色，附跖红色。成鸟非繁殖羽喙红色，喙端黑色；头白色，耳羽黑色。幼鸟似成鸟非繁殖羽，但喙和蹬跖颜色较淡，翼上覆羽具褐色斑点，尾羽具黑色端斑。似棕头鸥但外侧初级飞羽为白色而非黑色。

**生理习性** 北京为湿地的常见旅鸟。性喧闹。集群繁殖、迁徙和越冬。

宋会强 摄

鸻形目 鸥科

# 普通海鸥

*Larus canus*

**形态特征** 小型游禽，体长40～51cm。雌雄同色。成鸟繁殖羽喙黄色或黄绿色；除背部和两翼外全身体羽皆为白色，背部及两翼翼上覆羽灰色，外侧初级飞羽黑色，具白色次端斑，内侧初级飞羽和次级飞羽灰色，端部白色；黄色。成鸟非繁殖羽头、颈密布褐色纵纹，其余似繁殖羽个体。幼鸟喙淡黄色或粉色，近端部黑色，上体具灰褐色斑纹，尾羽具宽阔的黑色端斑。

**生理习性** 北京见于各种湿地的开阔水面，为不常见旅鸟。常集小群活动，飞行灵活而轻快。集群于近水的地面上营巢。

# 鹗

*Pandion haliaetus*

**形态特征** 中型猛禽，体长 51～64cm。雌雄相似。头顶和后颈白色，有黑褐色纵纹。黑褐色的贯眼纹向后通过耳羽区延伸至颈侧部。上体暗褐色，背部有白色小斑。下体近白色，胸部缀赤褐色斑纹。飞翔时翅甚狭长，正面似“M”形，翼下覆羽白色，翼角有明显的黑斑。外趾能反转向后，趾底具刺突。

**生理习性** 北京区域性常见于各种大型开阔水域，为旅鸟。以蛙类、鱼类及小型水禽为食，常盘旋于水域上空，发现猎物后折合双翅直扑猎物，并能潜入水中追捕游鱼。在水域附近乔木上搭筑高大的厚皿状窝。

宋会强 摄

# 雀鹰

*Accipiter nisus*

**形态特征** 中型猛禽，体长 32～43cm。成年雄鸟具清晰的白色眉纹，头部、上体及两翼青灰色，尾较长，具深色横斑；颊橙色，下体白色，具较密的橙色斑纹。雌鸟体型较大，上体灰褐色，下体白色，具细密的深灰褐色横纹。未成年个体上体更偏褐色。

**生理习性** 北京常见于平原开阔林地、农田和城市公园，夏季偶见于山区，近年在西部高海拔山区有繁殖记录。主要为旅鸟和冬候鸟。常单独生活。捕食小型啮齿类和小型鸟类。营巢于山区松树顶端；巢呈厚皿状。

宋会强 摄

# 红隼

*Falco tinnunculus*

**形态特征** 中型猛禽，体长 33～38cm。雄鸟头部灰色，眼下有显髭纹；背部淡砖红色缀以黑色点斑；下体淡棕黄色有不长的黑色细纵纹及点斑，尾羽灰色具宽阔的黑色次端斑；跑跖深黄色，爪黑色。雌鸟上体羽红褐色密布深色横斑，头部同背色，尾具黑色次端斑和多道较窄的深色横斑。

**生理习性** 北京常见于山地、平原的各种生境及城市中。北京种群包括夏候鸟、冬候鸟和旅鸟多种居留型。飞行迅速而敏捷。常在空中捕食昆虫，也吃啮齿类、蜥蜴、蛙、小型鸟类等脊椎动物。营巢于悬崖上或建筑物上，亦常占据喜鹊和乌鸦的巢。

宋会强 摄

鸮形目
鸱鸮科

# 纵纹腹小鸮

*Athene noctua*

**形态特征** 小型猛禽，体长21～26cm。雌雄相似。虹膜亮黄色。喙黄绿色。面盘不明显，无耳簇。上体褐色偏灰，头顶具小白斑点，两眼间及眼上下为灰白色。下体棕白色而有褐色纵纹，下腹部至臀部白色。附跃被白色羽。

**生理习性** 北京见于低山、林缘，也到村庄附近及农田乃至居民区活动，为区域性常见留鸟。主要以鼠类、昆虫等为食。白天、夜间皆有活动。巢置于树洞、建筑物屋檐孔洞等处，有时也在自己挖掘的洞穴中营巢。

图片为救助时拍摄

# 红角鸮

*Otus sunia*

**形态特征**　小型猛禽，体长 17～21cm。雌雄相似。有灰色和栗棕色两种色型。虹膜黄色。面盘灰褐色，周围棕褐色，具明显的耳羽簇。体羽灰褐色（灰色型）或栗棕色（栗棕色型），肩羽具一由连续的棕白色斑点形成的纵线。飞羽大部为黑褐色。附跗被羽。

**生理习性**　北京区域性常见于山地和平原的阔叶林、混交林，有时也可见于大学校园、城市公园中，为夏候鸟和旅鸟。通常单独活动，夜行性。以昆虫、小型鼠类、两栖爬行类等动物为食。营巢于天然树洞中，卵白色。

宋会强 摄

# 环颈雉

*Phasianus colchicus*

**形态特征** 大型陆禽，体长58～90cm。雄鸟头顶灰色，具白色眉纹，头侧具鲜艳的红色裸皮，头、颈余部金属墨绿色，北京地区的亚种颈部皆具白环；上背棕色为主，具白色点斑，下背和腰蓝灰色；尾上覆羽棕黄色，尾羽甚长，为黄褐色，具深色横斑；两翼内侧、翼上覆羽与上背羽色大致相同，外侧覆羽蓝灰色，飞羽褐色，具白色横斑，下体大致为栗色。雌鸟全身皆为黄褐色，上体具深色斑，尾羽短于雄鸟。

**生理习性** 常见于林地、灌丛、农田等各种生境，为留鸟。非繁殖期喜集群活动（冬季尤甚）。营巢于周围有植被或岩石遮蔽的地面凹坑处。

# 珠颈斑鸠

*Streptopelia chinensis*

**形态特征** 小型陆禽，体长27～30cm。雌雄相似。喙淡褐，整体为灰粉色调；颈侧部有明显白色珍珠状点斑，颏喉和腹部呈浅白色；跑跖紫红色。未成年个体无此珍珠状点斑。

**生理习性** 北京甚常见于城市绿地、公园、小区中，为留鸟。常以小群在地面觅食，以谷物、野果和杂草种子为食，亦食昆虫。鸣声通常为三声一度的轻柔“咕”声。营巢于树上，用稀疏枯枝构成盘状巢，亦可见于楼房护栏、阳台、空调室外机旁繁殖。

鸽形目 鸠鸽科

# 灰斑鸠

*Streptopelia decaocto*

**形态特征** 小型陆禽，体长28～30cm。雌雄相似。虹膜暗红色。周身灰色调为主，喙黑色，颈基部有一道黑领环，上体羽自背肩至尾上覆羽均呈灰褐色，飞羽黑褐，尾下覆羽偏蓝灰。附跖呈暗粉红色。

**生理习性** 常见于山林、郊区村落房顶，城市中很少出现，为留鸟。常到田间与其他斑鸠混群取食，以谷物、野果、草籽及节肢和软体动物为食。营巢于乔木分枝上，巢用枯枝筑成皿形。

# 山斑鸠

*Streptopelia orientalis*

**形态特征** 中型陆禽，体长 31～35cm。雌雄相似。体型略显壮实。颈侧部具黑色与蓝灰色条纹的块状斑。翼上覆羽羽缘棕红色，呈鳞片状。尾羽黑褐色，具灰白色端斑。

**生理习性** 常见于浅山区和远郊，城市中少见。栖息于山区和山坡丘陵多树木地带或平原旷野，为留鸟。鸣声“咕—咕—咕咕”，音调低沉。常集小群活动，多在开阔农耕区、村庄及房前屋后取食于地面，边走边找食物。主要以各种作物种子、草籽和野生浆果为食，亦兼食节肢动物和软体动物。营巢于乔木上，用稀疏枯枝构成平盘状巢。

# 大杜鹃

*Cuculus canorus*

**形态特征** 中型攀禽，体长28～37cm。喙近黑色，下喙基部黄色。虹膜及眼圈黄色。雄鸟头、颈、颊、喉、上胸及上体均呈灰色。飞羽黑褐色。腹部白色，具细的黑褐色斑纹。中央尾羽沿羽干两侧缀白色斑点。附跖黄色。雌鸟似雄鸟，但胸沾棕色。棕色型雌鸟上体棕红色，密布黑色横斑。

**生理习性** 北京为甚常见夏候鸟。栖息于开阔的树林中，尤喜近水树林间。常单独活动，繁殖期频繁鸣叫。鸣声为洪亮的“布谷”二声一度。以昆虫为食，嗜吃毛虫。多见巢寄生于苇莺巢中，北京主要寄主为东方大苇莺。

宋会强 摄

# 四声杜鹃

*Cuculus micropterus*

**形态特征**　中型攀禽，体长30～38cm。喙黑灰色，基部黄绿色。虹膜红褐色，眼圈黄色。头、颈、上体及上胸灰色（雄鸟）或灰褐色（雌鸟）。尾近末端具宽阔的黑斑，端部近白色。下体白色，具深色横斑、附黄色。

**生理习性**　北京为甚常见夏候鸟。栖息于山地或平原地区的密林或城市公园中。常单独活动，嗜食毛虫。繁殖期内鸣叫频繁，鸣叫声为响亮的四声一度，似“割麦割谷”声，第三声稍高，第四声最低。常巢寄生于多种雀形目鸟类的巢中，北京主要寄主为灰喜鹊和黑卷尾。

宋会强 摄

# 普通雨燕

*Apus apus*

**形态特征** 小型攀禽，体长17～18cm。雌雄相似。全身几乎纯深褐色。喙短阔而平扁，呈纯黑色。额、喉部近白色。胸部、腹部和尾下覆羽近暗烟褐色。两翼极狭长呈镰刀状。具浅开叉的叉尾。

**生理习性** 多见于北京城区，特别是古建筑较多的公园、高校等地，为常见夏候鸟和旅鸟。晨昏常在巢区附近疾速飞翔，叫声尖锐，白天飞行高度较高。在疾飞中张口捕食飞虫。在北京，普通雨燕多营巢于古建斗拱结构的缝隙中，亦在现代建筑（包括楼宇、桥梁乃至机场等）适合的洞状空间中筑巢；巢由唾液或泥土混合空中收集的草茎、枯叶、棉絮等筑成，呈平碟状。

宋会强 摄

# 普通翠鸟

*Alcedo atthis*

**形态特征** 小型攀禽，体长 15～17cm。雄鸟喙直而细长呈黑色；喉和耳后颈侧为白色，眼下和耳羽栗棕色；额至后颈暗蓝绿色，具翠蓝色细斑，背至尾覆羽为翠蓝色，两翼为蓝绿色；胸部以下为鲜橘黄色；附跃红色。雌鸟似雄鸟，但下喙橙红色。

**生理习性** 栖息于较低海拔城市、郊野的大部分水域。北京为常见夏候鸟和留鸟。常单独停栖在灌木、秃枝和露在水面的石块上。主食小鱼、虾和水生昆虫。筑巢于陡直的河岸土洞中，卵白色。

宋会强 摄

# 戴胜

*Upupa epops*

**形态特征** 中型攀禽，体长24～31cm。雌雄相似。喙黑色，细长而弯曲，喙基部淡黄色。头、颈、胸为黄褐色，额至枕部有甚长的扇形冠羽，冠羽栗棕色，羽端缀黑。下背黑色，腰白色，尾上覆羽基部白、端黑，两翼黑褐色具白斑。尾黑色，中央尾羽之半有一道宽阔的白色横斑，下体棕色。附跖黑色。

**生理习性** 栖息于城市、平原、山地的林缘中。北京为常见留鸟、夏候鸟、旅鸟。常在地面行走觅食。以地表或土层以下节肢和软体动物为食，如金针虫、蝼蛄、步甲等。兴奋时冠羽打开呈扇状。营巢于树洞中。

# 星头啄木鸟

*Dendrocopos canicapillus*

**形态特征** 小型攀禽，体长14～18cm。额和头顶暗灰色，雄鸟枕部两侧具一红色斑点。上体基本黑色杂以白斑，下体淡茶色具黑褐色纵纹，胸部纵纹更为明显。

**生理习性** 见于城市、平原及山区的林中，北京为常见留鸟。主要食昆虫及其幼虫，有时也食杂草种子。飞行时有节奏地交替升降。叫声单调，一连数声。营巢于心材腐朽的树干上，巢位较高，卵白色。

# 大斑啄木鸟

*Dendrocopos major*

**形态特征** 中等体型的攀禽，体长 21～26cm。成年雄鸟枕部有一红块斑，雌鸟枕部无红块斑。头顶、后颈、背部、翼及尾均为亮黑色，眉纹和颈侧呈纯白色或稍沾淡棕色，肩具大白斑，翼有白色斑，下体从颊至腹部淡棕褐色，下腹和尾下覆羽红色。

**生理习性** 见于山地和平原林地、农田、城市公园、小区中。主要食节肢和软体动物，也食植物种子。多营巢于阔叶树树洞中，距地面 8～10m，卵白色。

# 灰头绿啄木鸟

*Picus canus*

**形态特征** 中等体型的攀禽，体长 27～31cm。雄鸟额、头顶前部鲜红色，眼先黑色，其余头、颈灰色，后颈、枕部有黑纹，喉白，下体灰绿色；背、腰、尾上覆羽、两翼覆羽灰绿色，有暗褐色，飞羽具白斑点。雌鸟似雄鸟，头顶不红。

**生理习性** 栖息于低山、丘陵、平原阔叶林、混交林至城市绿地。北京为常见留鸟。常单独或成对活动，飞行迅速，呈波浪式前进。常在树干的中下部取食，也常在地面取食蚂蚁等节肢和软体动物，偶尔也吃植物果实和种子。巢洞多选择在混交林、阔叶林。

宋会强 摄

# 金腰燕

*Cecropis daurica*

**形态特征** 中型鸣禽，体长 16～20cm。雌雄相似。喙黑色。头顶及背部深蓝色，具金属光泽。腰砖红色或橙黄色。尾羽黑褐色，较长，呈深叉形。头两侧淡棕色，具深色羽干纹。后颈栗棕色，喉、胸、腹部淡棕白色，具清晰的深色纵纹，尾下覆羽蓝黑色。跄跖较短，黑色。

**生理习性** 活动于各种开阔区域及城市中。北京为甚常见夏候鸟和旅鸟。繁殖期和非繁殖期皆喜集群活动。营巢于屋舍、桥梁等建筑物上；巢为泥制，呈瓶状，开口较小。

宋会强 摄

# 家燕

*Hirundo rustica*

**形态特征** 中型鸣禽，体长 15～19cm。雌雄相似。成鸟喙黑色；前额栗红色，头及上体深蓝色，具金属光泽；翼上覆羽与上体同色，飞羽黑褐色；尾羽深叉形，最外侧尾羽最长、中央尾羽最短，所有尾羽均具白色次端斑；颊、喉及上胸栗红色，其下有一黑色胸带，下体余部白色，但 *H. r. tytleri* 亚种下体为橙红色。幼鸟似成鸟，但尾叉较浅。

**生理习性** 活动于较低海拔的城市、郊野中各种开阔生境，常聚集在屋舍和湿地附近。北京为甚常见夏候鸟和旅鸟。喜集群活动，特别是迁徙时常集大群。营巢于屋舍内外的顶棚、墙壁上；为泥制碗状巢。

宋会强 摄

# 白鹡鸰

*Motacilla alba*

**形态特征** 中型鸣禽，体长16～19cm。亚种众多，北京可见国内有分布的6个亚种，整体为黑白两色或黑白灰三色。雄鸟通常前额白色，头顶黑色，头两侧白色（部分亚种，如 *M. a. ocularis* 和 *M. a. lugens* 具黑色贯眼纹），尾羽黑色，外侧尾羽白色，胸黑色，其余下体白色。雌鸟似雄鸟但整体色浅。幼鸟头两侧沾黄色。

**生理习性** 北京为甚常见旅鸟、夏候鸟，亦有零散的冬候鸟记录。主要栖息于淡水沼泽湿地、农田等环境。喜在近水湿地行走，尾常不停上下摆动。主要以昆虫为食，飞行时呈明显的波浪形。营巢于接近水域的各种生境，巢位甚为隐蔽。

宋会强 摄

# 白头鹎

*Pycnonotus sinensis*

**形态特征**　中型鸣禽，体长 18～22cm。雌雄同色。喙黑色。头顶、眼先及颊黑色，眼后至枕部白色，耳羽后方白色或灰白色。上体灰绿色，两翼和尾羽褐色，具鲜艳的黄绿色羽缘。颏、喉白色，胸灰褐色，腹部及尾下覆羽白色。　跖黑色。

**生理习性**　一般活动于较低海拔的开阔林地和灌丛。北京为常见留鸟，北京城区和郊区皆较常见。性活跃而擅鸣，常集 3～10 只的小群。一般营巢于灌丛或树上；巢为杯状，由细树枝、纤维和草等编制而成。

宋会强 摄

# 黑枕黄鹂

*Oriolus chinensis*

**形态特征** 中型鸣禽，体长22～27cm。喙粉红色。虹膜褐红色。雄鸟羽色金黄，宽阔的黑色贯眼纹延伸至头枕部。翼和尾羽大都黑色缀以金黄色羽缘和斑块；距跖铅灰色。雌鸟似雄鸟而体色偏黄绿色。未成年个体背部黄绿色，下体具黑色纵纹。

**生理习性** 北京区域性常见于低山丘陵和山脚平原地带的茂密乔木上，为夏候鸟、旅鸟。常单独或成对活动，有时也见3～5只的松散小群。主要在高大乔木的树冠层活动，很少下到地面。捕食大量昆虫，亦食浆果。营巢于树上，卵呈粉红色。

宋会强 摄

# 黑卷尾

*Dicrurus macrocercus*

**形态特征** 形态特征中型鸣禽，体长24～30cm。雌雄相似。喙黑色。虹膜棕红色，全身体羽呈黑色。尾较长，明显呈叉形，尾下覆羽隐约可见浅色的斑纹。跑跃黑色。

**生理习性** 北京见于低山林地、郊区村庄附近，为常见夏候鸟。不甚惧人，繁殖期间性凶猛好斗，如红脚隼、乌鸦、喜鹊等鸟类侵入或临近其巢附近时，则奋起冲击入侵者，直至驱出巢区为止。食物以昆虫为主。鸣声响亮粗厉。巢置于榆、柳等树上，巢呈碗状。

宋会强 摄

# 灰椋鸟

*Spodiopsar cineraceus*

**形态特征** 中型鸣禽，体长22～24cm。成年雄鸟头顶及枕部深灰黑色，背、肩部暗灰色，腰白色，尾上覆羽深灰色；眼先灰黑色，额基至眼上方为驳杂的灰白色；眼先下方及耳羽近白；颊、喉、颈侧及上胸部深灰黑色；尾下覆羽污白色，下体余部暗灰色；尾平，尾羽深灰褐色，外侧尾羽具白色端斑；翼上暗灰褐色，无翼斑。成年雌鸟头颈及胸部不如雄鸟色深，耳羽白色面积较小。飞行时轮廓似三角形。

**生理习性** 北京一年四季均可见到，但尚不能确定它们为留鸟还是分属不同居留类型的迁徙种群。常见于树林、公园及农田等环境。喜集群活动，常在地面觅食，也在树上取食桑葚等浆果。营巢于树洞中。

宋会强 摄

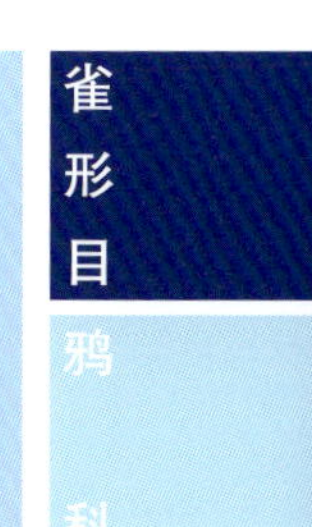


# 小嘴乌鸦

*Corvus corone*

**形态特征** 大型鸣禽，体长 41～53cm。雌雄相似。喙黑色，较粗大。全身羽色漆黑而有光泽。尾较宽。黑色。似大嘴乌鸦，但本种稍细，且前额较平，与峰无明显转折。

**生理习性** 北京为甚常见留鸟和冬候鸟，活动于城市、郊野乡村和低山区域，冬季集群多见于城区。喜集群活动，常与大嘴乌鸦和达乌里寒鸦等混群。在较开阔的农田、荒地、垃圾场等处觅食，食性杂。冬季常集大群在市中心街道两旁的树木夜宿。营巢于高大乔木近树顶处。

宋会强 摄

# 达乌里寒鸦

*Corvus dauuricus*

**形态特征** 大型鸣禽，体长27～35cm。雌雄相似。喙黑色，较短粗。虹膜黑褐色。头侧耳羽灰黑色。从后颈向两侧延伸至胸侧和腹部为白色，其余体色均为黑色。附跖近黑色。另有通体黑色者，为达乌里寒鸦的幼鸟亦或一种色型，目前尚无研究确认。

**生理习性** 北京常见于山地、丘陵、平原、农田、旷野等各类生境，为冬候鸟、留鸟，亦有少量夏候鸟繁殖于山区。冬季喜欢集多至数千只的大群活动。杂食性，非繁殖期主食植物种子，但繁殖期主食节肢和软体动物。叫声较小嘴乌鸦更显短促而尖锐。通常营巢于悬崖崖壁洞穴中。

# 灰喜鹊

*Cyanopica cyana*

**形态特征** 大型鸣禽，体长 32～42cm。雌雄相似。喙黑色。成鸟头顶、头侧、后枕为黑色，肩背部灰色，喉部至腹部为灰白色，翼及尾羽均为淡蓝色。两根中央尾羽甚长且具白色端斑，飞翔时尤为明显。附跖黑色。幼鸟体色大多较暗，头顶花白较为斑驳。

**生理习性** 见于山地、田野、村庄附近和城内公园、居民区树木较多地带，为甚常见留鸟。多成群活动，有时甚至集成多达数十只的大群，食性杂但以动物性食物为主，兼食一些乔灌木的果实及种子。鸣声宏亮且粗厉，无韵律。多营巢于次生林和人工林中，也在村镇附近和路边树上营巢。

# 喜鹊

*Pica pica*

**形态特征** 大型鸣禽，体长37～48cm。雌雄相似。喙黑色。成鸟头、胸、颈、背至尾均为黑色。翼有蓝绿色金属光泽，尾羽具暗绿色金属光泽。肩和腹部为白色。飞行时可见两翼初级飞羽白色，羽端黑色。尾羽较长，呈凸状。附跖黑色。幼鸟羽色似成鸟，但黑羽部分染有褐色，金属光泽也不显著。

**生理习性** 山区、平原、城市公园、居民区都有栖息，为甚常见留鸟。常集成小群或成对活动，多从地面取食，食性杂。鸣声一般为响亮而单调的喳喳声。常筑巢在高大乔木接近树顶处；巢体甚大，主要以树枝筑成，顶部封闭，其内层具一泥制碗状内巢，并垫以草、羽毛、苔藓等。

# 斑鸫

*Turdus eunomus*

**形态特征** 头顶、耳羽至颈后深灰黑（新羽）或灰褐（旧羽）：上背黑褐，羽缘皮黄或白色；下背至尾上覆羽棕褐色驳杂，尾羽近黑；眉纹、眼下及额和颈侧白（新羽）或皮黄（旧羽）；喉白，可带黑褐色细纹；胸、胁及侧腹部黑，羽缘白，形成鳞状或矛状斑；腹中央及尾下覆羽近白；肩及小覆羽黑褐，翼上余部亮棕。雌鸟头及上体偏褐，眉纹皮黄；眼下及颈侧多黑色杂斑；下体黑色不显著；翼上棕色浅。未成年鸟似雌鸟，头及下体更淡。存在与红尾斑鸫杂交的现象。

**生理习性** 北京林区为常见冬候鸟及旅鸟。常成群活动，多与红尾斑鸫混群。以浆果、种子等为食。

宋会强 摄

# 乌鸫

*Turdus mandarinus*

**形态特征** 中型鸣禽，体长 28～29cm。喙橙黄色（成鸟）或锈褐色（幼鸟）。眼圈金黄色。成年雄鸟周身黑色，略具光泽。成年雌鸟深褐黑色，幼鸟上体褐色，下体密布棕白色鳞状斑。跑跖黑褐色。

**生理习性** 北京为常见留鸟及夏候鸟，可见于城市园林、树林及草地等低海拔平原。喜奔走于草地上捕食蚯蚓或在园林中取食植物果实，繁殖季常站在高树或建筑物上放声鸣喝，甚喧闹。鸣啭复杂多变，富含颤音及重复音节，句长及音色变化丰富，擅效鸣其他鸟类的声音甚至人为噪音。于树上营碗状编织巢。

宋会强 摄

# 红尾斑鸫

*Turdus naumanni*

**形态特征** 中型鸣禽，体长 23～25cm。成年雄鸟头顶、耳羽、后颈及上背橄榄灰色，染橙红色；下背、腰部及尾上覆羽橙红色；眼先黑褐色，眉纹、眼下、额、喉至上胸橙红色，常具不明显黑色下影纹：下胸至两胁及侧腹部和尾下覆羽大面积暗橙红色，羽缘白色，形成鳞状或矛状斑纹；腹部中央近白；尾羽大部暗橙红色，末端深褐色；翼上大部橄榄灰色，杂以橙红色；初级覆羽及初级飞羽褐色；翼下覆羽及腋羽橙红色。成年雌鸟头及上体灰色和下体橙色皆较雄鸟浅。

**生理习性** 在北京为常见的冬候鸟和旅鸟，可见于公园、山区林地、灌丛、草地等植被较稀疏处。常成群活动，与其他鸫类，尤其是斑鸫及赤颈鸫等混群。在地面及树上取食浆果、种子等。

# 红喉歌鸲

*Luscinia calliope*

**形态特征** 小型鸣禽，体长 14～16cm。成年雄鸟上体橄榄褐，额及头顶棕，眉纹及下髭纹雪白，边缘有细小的黑色纹路，眼先深黑，覆羽及飞羽暗棕；颊及喉部鲜红，有时可见黑色边缘，胸灰色，两胁褐黄，腹部及尾下覆羽皮黄；跑跖粉至褐色。雌鸟似雄鸟，但整体暗淡，颏及喉部白色或皮黄，眉纹及下髭纹细小沾污，眼先黑褐色，胸部沙褐色。

**生理习性** 北京为区域性常见旅鸟，见于芦苇丛、树林及城市园林。常在林下地面、芦苇丛或灌丛中活动。鸣啭悦耳多变，擅效鸣；乐句中常包含若干固定的哨音作为起始音节，衔接短促的震颤音和婉转乐音。

宋会强 摄

# 蓝歌鸲

*Luscinia cyane*

**形态特征** 小型鸣禽，体长13～14.5cm。喙黑色，冬季下喙基粉色。成年雄鸟上体钴蓝，眼先、下颊、颈侧及胸侧黑色；下体纯白，两胁有灰蓝色晕染；尾短，尾羽黑褐，多沾蓝色；初级飞羽黑褐且羽缘沾蓝，内侧飞羽及翼上覆羽钴蓝；蹬粉色。雌鸟上体橄榄褐色，腰部沾蓝色；下体皮黄，颊、喉侧及胸具褐色鳞纹，胁浅棕。年轻雄鸟似雌鸟，但上体沾蓝，下体棕色较少。

**生理习性** 北京为区域性常见的夏候鸟及旅鸟，过境时常见于城市园林灌丛底部，繁殖于山区森林。常隐匿于密林地面，在繁殖地通常只闻其声不见其影。鸣啭婉转且响亮，通常由一串短促前导音和多变的颤音组成。营巢于山区林下地面或草丛中。

宋会强 摄

# 北红尾鸲

*Phoenicurus auroreus*

**形态特征** 小型鸣禽，体长 13～15cm。成年雄鸟头顶至后颈灰白，上背及肩羽黑色，下背至尾上覆羽橘红；眼先、颊、颏、喉至上胸黑；中央尾羽暗褐，其余尾羽橘红，最外侧尾羽外翔具棕色边缘；两翼大部黑色。次级飞羽基部白，形成白色三角形翼斑。雌鸟头及上体大部棕褐而无黑色，下体橘黄；两翼棕褐，白色翼斑较雄鸟小甚至无翼斑。

**生理习性** 北京为平原常见的旅鸟及冬候鸟，也是中、低海拔山区及近山平原的常见夏候鸟。喜灌丛、阔叶林及人工绿地等。常站在显眼的枝头、电线等处，有抖尾等行为。鸣啭为多变的婉转短句。营巢于岩隙或树洞中。

宋会强 摄

# 红胁蓝尾鸲

*Tarsiger cyanurus*

**形态特征** 小型鸣禽，体长 13～15cm。成年雄鸟喙黑色；上体深蓝色带辉光，眉纹白沾染蓝色，眼先及颊黑，耳羽暗褐，多黑色细纹；头顶两侧、肩、腰、翼上覆羽及尾上覆羽亮蓝色；尾羽黑褐，具蓝色羽缘；飞羽暗褐色，三级飞羽及内侧次级飞羽沾蓝；下体皮黄，喉侧及胸侧暗蓝，两胁橙红色可延伸至胸侧。雌鸟及未成年雄鸟上体橄榄褐，喉侧及胸侧无蓝色。

**生理习性** 北京为常见的旅鸟，见于园林树林、灌丛；亦为罕见的山区夏候鸟及不常见冬候鸟。多活动于林下及地面，捕食昆虫等。站立时常上下摆尾。鸣啭简短而婉转。常营巢于土洞、树根中或树洞中。

宋会强 摄

# 棕头鸦雀

*Sinosuthora webbiana*

**形态特征** 体小而尾长的鸣禽，体长 11～12.5cm。雌雄相似。铅灰色的喙短而小。虹膜深黑褐色。各部位羽色为较均一的红褐色，但头顶及飞羽红色更浓重，而下体颜色较浅。附铅灰色。幼鸟整体羽色更浅。

**生理习性** 北京为常见留鸟，低海拔平原至高山的芦苇和灌丛中均可见到。常集群活动，喜在芦苇中攀援、穿梭。常用喙剥开芦苇、秸秆，寻找虫卵等为食。在灌丛、竹丛或小树上筑小巧的杯状巢。

宋会强 摄

# 东方大苇莺

*Acrocephalus orientalis*

**形态特征** 中型鸣禽，体长16～19cm。雌雄同色。喙较长，粉色，喙峰黑色。头顶、上体及两翼橄榄褐色，具较宽阔的淡黄白色眉纹，眼先黑色。飞羽黑褐色，羽缘棕黄色，尾羽暗褐色。颏、喉、颊白色，胸具甚不显著的褐色纵纹。下体余部白色。跑跖灰褐色。

**生理习性** 见于城区和郊区植被丰富的各种湿地。北京为甚常见夏候鸟。擅鸣，喜站在湿地中的苇丛、灌丛和附近的树上高声鸣啭。常营巢于苇丛中。

宋会强 摄

# 黄眉柳莺

*Phylloscopus inornatus*

**形态特征** 小型鸣禽，体长 9～11cm。雌雄相似。喙黑灰色，下喙基部褐色；头顶暗橄榄绿色，部分个体具模糊的浅色顶冠纹，具较长的淡黄白色眉纹和暗绿色贯眼纹。上体橄榄绿色（新羽绿色较鲜艳，旧羽则偏灰绿色），翼上具两道清晰的淡黄白色翼斑，飞羽黑褐色，羽缘橄榄绿色，三侧飞羽端部白色，腰与上体同色。下体灰白色。附跖褐色。

**生理习性** 见于城区和郊区各类林地，北京为常见旅鸟，是春季（4～5 月）和秋季（9 月）北京低海拔最常见的过境柳莺之一。迁徙时集松散的小群在树冠层活动。营巢于树上或地上。

宋会强 摄

# 黄腰柳莺

*Phylloscopus proregulus*

**形态特征** 小型鸣禽，体长 8～10.5cm。雌雄相似。喙黑色。顶冠纹黄色，侧冠纹暗绿色。眉纹宽阔，呈柠檬黄色，甚为鲜艳，贯眼纹暗绿色。上体橄榄绿色，具两道黄色翼斑，飞羽和尾羽黑褐色，具橄榄绿色羽缘，三级飞羽端部白色，腰柠檬黄色。下体白色或灰白色，尾下覆羽略沾淡黄色。附跖褐色。

**生理习性** 见于低山至平原（包括城区）的各类林地和灌丛，北京为常见旅鸟，是春季（4～5 月）和秋季（10 月）北京低海拔最常见的过境柳莺之一。极活跃，迁徙时常集小群在树冠层不断跳跃，亦常悬停。一般营巢于针叶林树上。

宋会强 摄

# 银喉长尾山雀

*Aegithalos glaucogularis*

**形态特征** 体小而圆的鸣禽，体长13～16cm。雌雄相似。喙短小而黑。成鸟头顶及枕部黑色，具白色顶冠纹。颈侧、颊、眼先、额基和颜污白色；喉具黑斑。下体亦为污白色但常沾粉红色。背、腰及肩灰色，腰部具一粉红色窄带但通常不可见。尾细长；尾羽深灰黑色，最外侧三对尾羽外翱污白色。飞羽大部灰黑色，三级飞羽及内侧次级飞羽羽缘灰白。翼上覆羽深黑色，翼下覆羽及腋羽污白色。附跖黑色。幼鸟颜色暗淡，颊和胸前棕红色。

**生理习性** 北京为常见留鸟，见于树林、灌丛及公园等环境。常集群出现，有时甚喧闹。在树侧枝上筑椭球形巢。

宋会强 摄

# 黄腹山雀

*Pardaliparus venustulus*

**形态特征** 小型鸣禽，体长 9～11cm。雄鸟前额、头顶至上背及喉和上胸部亮黑色；颊和耳羽白色，后颈中间有白斑；下背至腰蓝灰色；两翼黑褐色，具两道白色翼斑；飞羽具灰绿色羽缘；尾黑色，较短，外侧尾羽外嗍具白斑；下胸和腹部亮黄色，翼上两道白点斑。雌鸟与雄鸟相似，但上体色淡，且额、喉为淡黄白色。

**生理习性** 北京常见于低山和山脚平原地带的林地和平原城市公园中，为西北部山地的夏候鸟，城区、郊区平原和山地的旅鸟，近年来低海拔林地有少量越冬群体。常集小群出没，穿梭活跃于树冠间。主要以昆虫为食，也吃植物果实和种子等。于树洞中营杯状巢。

宋会强 摄

# 大山雀

*Parus cinereus*

**形态特征** 小型鸣禽，体长 13～15cm。雌雄相似。前额、眼先、头顶皆为黑色，颊至耳羽白色，后颈具一较小的白色斑块。上背黄绿色，下背、腰及尾上覆羽蓝灰色。两翼黑褐色，具一道白色翼斑。尾羽深蓝灰色，外侧尾羽白色。颏、喉黑色，具一显著的黑色带自喉延伸至腹部中央。下体余部污白色。

**生理习性** 我国广泛分布。北京常见于山区至平原各类林地及城市公园中，为留鸟。性活泼，行动敏捷。营巢于树洞中。

宋会强 摄

# 麻雀

*Passer montanus*

**形态特征** 小型鸣禽，体长 12～15cm。雌雄相似。具厚实的深铅灰色喙。成鸟头顶棕红色，脸颊白色具一黑色斑，贯眼纹黑色，颈部具一近白色颈环；背部棕色，具黑色纵纹；两翼近黑色，羽缘棕色，大覆羽和中覆羽羽端近白色。尾近黑色。颏及喉部黑色，下体大致为污白色，两胁皮黄色。

**生理习性** 我国广泛分布于海拔 4500m 以下的各种生境。北京甚常见于有人居住的城镇、乡村，以及农田、荒野等各种环境，是北京地区最常见的鸟类之一，为留鸟。常在繁殖期集小群，非繁殖季集大群活动。不甚惧人，主要以节肢和软体动物、草籽为食。一般营巢于人类建筑、石缝或树洞中，亦会占据家燕和金腰燕的巢。

# 金翅雀

*Chloris sinica*

**形态特征** 小型鸣禽，体长 12～14cm。喙粗壮，呈粉色。雄鸟头顶深灰色，背部栗褐色，腰部黄色或黄绿色，初级飞羽基部黄色，形成显著的黄色翼斑，飞行时格外醒目；颊、喉黄绿色，胸、腹部褐色，尾下覆羽黄色。雌鸟与雄鸟相似，但头顶偏褐色，金黄色羽区稍小且不如雄鸟鲜艳。

**生理习性** 北京常见于平原、中低山的林地和城市公园，为留鸟。冬季有数百只以上的集群现象，可能有短距离的迁移行为。主要食植物果实、种子等，也食少量昆虫。鸣叫声为轻柔而似鼻音的“嘀嘀”声。巢常筑在枝叶茂密的乔木侧枝上；每年可繁殖 2～3 窝，窝数 4～5 枚；由雌鸟孵卵，雌雄鸟共同育雏。

宋会强 摄

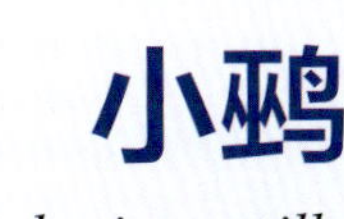

# 小鹀

*Emberiza pusilla*

**形态特征** 小型鸣禽，体长 12～14cm。喙较短，呈灰色。雌雄相似。成鸟繁殖羽顶冠纹栗色，侧冠纹黑色、宽阔的眉纹呈栗色（眉纹羽色于眼后变淡），颊至耳羽亦为栗色，边缘具黑色轮廓，颚纹黑色；背部褐色，具黑色与污白色相间的纵纹；尾羽黑褐色，最外侧尾羽具显著白色部分；颏、喉栗棕色，下体余部白色，胸至两胁具清晰的黑色纵纹；跄趾黄褐色。成鸟非繁殖羽与繁殖羽大致相似，但头部及背部羽色较淡，颏、喉为淡黄白色或污白色。

**生理习性** 北京为甚常见旅鸟，少数为冬候鸟，见于各种草地、农田、灌丛、苇丛和开阔林地等生境。于非繁殖期集群活动或与其他鹀类混群。鸣叫声为清脆的“唧”声。繁殖在西伯利亚苔原和泰加林区域，营巢在地面的灌木、草丛或低矮的树丛中。

宋会强 摄

# 黑尾腊嘴雀

*Eophona migratoria*

**形态特征** 中型鸣禽，体长 17～21cm。喙为粗厚的锥状，呈黄色。雄鸟头黑色，具金属光泽，背部、腰部到尾上覆羽，由灰褐色转为灰色。两翼和尾羽大致为黑色；初级覆羽端部和初级飞羽端部白色；下体淡灰褐色，两胁锈红色。雌鸟的头部和背部均为灰褐色，初级覆羽及初级飞羽端部的白斑较窄，胁部锈红色较淡。

**生理习性** 北京常见于低地林区、平原林地、城市公园，为常见留鸟。喜食松、柏及白蜡树的种子及果实，以及葵花籽和其他植物的种子、果实、嫩芽等，繁殖期捕食昆虫。在阔叶树的侧枝树叉上营碗状或杯状巢。雌雄鸟共同参与育雏。

宋会强 摄

# 燕雀

*Fringilla montifringilla*

**形态特征** 小型鸣禽，体长14～16cm。雄鸟繁殖羽喙黑色，头、后颈至上背黑色，下背、腰、尾上覆羽白色；具白色肩羽，棕色翼斑，尾羽主要为黑色，呈浅叉形；颏、喉、胸橙色，两胁具黑色斑点，下体余部白色。雄鸟非繁殖羽喙黄色，喙端黑色；头部黑褐色，背部各羽具褐色羽缘。雌鸟头灰褐色，其余各部羽色亦较雄鸟暗淡。

**生理习性** 北京常见于城郊各类林地及公园中，为甚常见冬候鸟和旅鸟。非繁殖期常集大群活动。以植物嫩芽、果实和种子为食，兼食节肢和软体动物。于乔木侧枝处营杯状巢。

宋会强 摄

# 黄喉鹀

*Emberiza elegans*

**形态特征** 小型鸣禽，体长14～15cm。上喙灰色，下喙淡黄色。雄鸟繁殖羽头部及颊为黑色，头顶后部、背、腰及尾上覆羽皆为栗棕色；两翼黑褐色，各羽羽缘栗棕色，翼上具一道或两道白色翼斑；尾羽黑褐色，最外侧尾羽部分白色；下体黄色，胸部具一显著的栗色横带。雄鸟非繁殖羽头部为斑驳的褐色，背部具黑色纵纹。雌鸟上体黄褐色，眉纹淡黄色，耳羽淡褐色，下体淡黄色，胸无横带。

**生理习性** 北京见于中低山及平原的农田和湿地。非繁殖季常集群活动。营巢在湿地边的灌丛、草丛遮挡的地面。

宋会强 摄

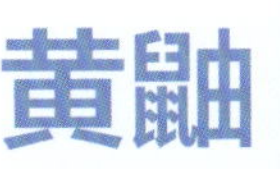

# 黄鼬

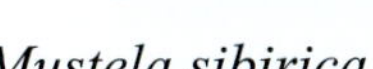

*Mustela sibirica*

**形态特征** 体形细长，四肢短，头小而颈长；雄体比雌体明显大，雄性成体体重700g左右，雌性仅约500g。耳壳短宽，尾长为体长之半，肛门腺发达，四肢五趾间有很小的皮膜，冬季尾毛长而蓬松。体毛基本为棕色，可因不同地方和不同季节而有深浅变化；腹毛稍浅淡，背腹毛色无明显的分界；鼻垫基部及上、下唇为白色，喉部及颈下常有白斑。夏毛颜色较深，几呈褐色。

**生理习性** 栖息环境多样，可在村庄、乡镇和城市中生存、繁殖。平时栖居在乱石堆和倒木下，仅在繁殖和冬季才有较固定的洞穴。遇险时，会从肛门腺分泌臭液。性凶残，常捕杀远超过其食量的小动物，主要捕食鼠类和各种小动物，偶尔伤害家禽。春季发情，孕期30～40天，每胎多5～6仔，偶有产10只以上者。

宋会强 摄

# 大棕蝠

*Eptesicus serotinus*

**形态特征** 体型中等，前臂长49～57mm。耳较长，端部钝，基部宽，呈钝三角形；耳屏扁长，直立条状，端部钝圆。翼膜止于趾基部，距缘膜窄；尾长，末端从股间膜后缘穿出。体毛较长而密，上体毛茶褐色，毛尖黄棕色，毛基较深暗；下体毛较浅；后腹和体侧毛尖浅黄，毛基灰黄，翼膜暗褐色。

**生理习性** 通常单只或数只小群潜伏在房檐下、天花板夹层、墙缝、水管后面及桥墩石缝中。每年6月产仔，每胎1～2仔，哺乳期2个月。有冬眠习性，常在水面上空觅食蚊类等小飞虫。

宋会强 摄

# 东北刺猬

*Erinaceus amurensis*

**形态特征** 猬类中体形较大的种类，体重 360～1000g；吻尖、眼小、耳小、脚短、尾短；体形肥矮，几呈球形。体背及体侧多被棘刺；耳短，几乎隐于棘刺中；自头顶至吻部以及脸面部均被污白色长毛；颈体之背面和侧面的棘刺尖端污白色，刺端土棕色；腹部刚毛及前足污白色，后足淡棕色。不同地区的不同亚种毛色略有差异。前后肢各五趾。

**生理习性** 白天隐匿，傍晚及晨昏活动。捕食昆虫及幼虫，也兼食无脊椎动物和小型脊椎动物及植物根和果实等。每年繁殖 1～2 次，妊娠期 35～37 天，每胎 3～6 仔。有冬眠习性。

奥丹珠拉 摄

# 蒙古兔

*Lepus tolai*

**形态特征** 体形中等，长约 45cm，尾长约 9cm。体重一般在 2kg 以上，为国内野兔尾最长的种类，尾背中央有一条长而宽的大黑斑，其边缘及尾腹面毛色纯白，直到尾基。耳中等长，是后足长的 83%，上门齿沟极浅，齿内几无白色沉淀，吻粗短。

**生理习性** 多栖息在盐生植物的半荒漠和荒漠草原、绿洲，或蒿属禾本科草原，以及绿洲中的林丛、渠岸、休耕地等处。植食性，青草、树苗、嫩枝、树皮以及各种农作物、蔬菜与种子都可作为其食物。

宋会强 摄

# 赤腹松鼠

*Callosciurus erythraeus*

**形态特征** 体细长，体长约20cm。尾较长，若连尾端毛在内几等于体长。吻较短。前足裸露，掌垫2枚，指垫4枚；后足蹠部裸出，蹠垫2枚，趾垫5枚。乳头2对，位于腹部。体背自吻部至身体后部为橄榄黄灰色，体侧、四肢外侧及足背与背部同色。腹面灰白色。尾毛背腹面几乎同色，与体背基本相同。尾后端可见有黑黄相间环纹4～5个，尾端有长20mm左右的黑色区域。耳壳内侧淡黄灰色，外侧灰色，耳缘有黑色长毛，但不形成毛簇。

**生理习性** 多栖居在树上，借树枝的变杈处，利用小树枝上下搭架，围以树叶及细茅草攀物，从外表看形似鸟窝。亦有利用树干腐洞和啄木鸟之类的洞穴改建为鼠窝的。食性杂，喜食树木果实，也吃禾草、农作物、昆虫、鸟卵、雏鸟、蜥蜴等动物。

宋会强 摄

4

## 第四篇

# 大型真菌

大型真菌是菌物中形成能够分辨的大型子实体的一肉眼类真菌。大多数属于担子菌亚门，少数属于子囊菌亚门。人们常说的蘑菇或蕈菌，实际上是大型真菌的子实体部分。

子囊菌亚门主要特征是营养体除极少数低等类型为单细胞外，均为有隔菌丝构成的菌丝体。细胞壁由几丁质构成。有性过程中形成子囊，是子囊菌有性过程中进行核配和减数分裂发生的场所，在子囊中产生具有一定数目的子囊孢子。

担子菌亚门是真菌门最高等的一亚门，因该亚门真菌都产生担子和担孢子而得名。有性生殖产生担子和担孢子是本亚门的主要特征。大型真菌大多数属于担子菌亚门，少数属于子囊菌亚门。

# 羊肚菌

*Morchella esculenta*

**形态特征** 菌盖近球形、卵形至椭圆形，高 4～10cm，宽 3～6cm，顶端钝圆，表面有似羊肚状的凹坑。凹坑不定形至近圆形，宽 4～12mm，蛋壳色至淡黄褐色，棱纹色较浅，不规则地交叉。柄近圆柱形，近白色，中空，上部平滑，基部膨大并有不规则的浅凹槽，长 5～7cm，粗 2～2.5cm。

**生理习性** 主要生长于土壤富含腐殖质且不积水的杨树林中。一般在低温、高湿条件下易产生子实体，因此生长季节一般在早春或晚秋的雨后。

# 毛木耳

*Auricularia polytricha*

**形态特征** 呈碗状至耳朵状，边缘有大波纹。表面（子实层面）呈褐色至暗紫褐色，平滑，背面（非子实层面）密集覆盖着灰黄色至灰褐色、直立的圆筒状长细毛。背面的一部分附在树上，有时子实体之间会黏连融合。呈明胶质，干后收缩、变硬，但湿润时变回原形。质感比木耳硬。

**生理习性** 在栎类、桑、杨、柳、刺槐等阔叶朽木上群生。

# 一色齿毛菌

*Cerrena unicolor*

**形态特征** 子实体一年生，新鲜时柔韧，无臭无味，干后硬革质。菌盖半圆形、扇形，或平伏至反卷，外伸长可达 9cm，宽可达 28cm，中部厚可达 0.5cm，表面初淡白色，后变浅黄色至灰褐色，因藻的存在常呈浅绿色或浅绿褐色，最后基部几乎变成光滑和黑色，被粗毛或绒毛，具不同颜色的同心环带和浅的环沟，边缘锐或钝，通常比菌盖颜色淡，干后呈波状。菌肉异质，上层褐色，柔软，下层浅黄褐色，木栓质层间具一黑色细线。

**生理习性** 春至秋季覆瓦状叠生于多种阔叶树林的活立木、倒伏的枯木、腐枝或伐木桩上。

# 硬毛粗盖孔菌

*Funalia trogii*

**形态特征** 子实体一年生，无柄，木栓质。菌盖半圆形或近贝壳形，外伸长可达10cm，宽可达14cm，中部厚可达3cm，表面黄褐色，被密硬毛，边缘钝或锐。孔口表面初期乳白色，后期黄褐色至暗褐色，近圆形，每毫米1～3个，边缘厚，全缘或略呈锯齿状。不育边缘极窄。菌肉浅黄色，厚可达1cm 。菌管与菌肉同色，木栓质，长可达2cm。

**生理习性** 夏、秋季覆瓦状叠生于柳树等多种阔叶树的活立木或倒伏的枯木上。

# 树舌灵芝

*Ganoderma applanatum*

**形态特征** 子实体多年生，无柄，木栓质。菌盖半圆形、扁半球形或扁平，外伸长可达 30cm，宽可达 50cm，基部厚可达 11cm，表面灰色，渐变褐色，具明显的环带和沟纹，有时有瘤，皮壳胶角质，边缘钝圆，薄，奶油色至浅栗色。菌肉新鲜时浅栗色，厚可达 3.5cm 。菌管褐色，长可达 7cm，有时具白色菌丝束。

**生理习性** 春至秋季单生或覆瓦状叠生于白蜡树、杨、栎等阔叶树枯立木、倒伏的腐木或伐木桩上。

# 裂褶菌

*Schizophyllum commune*

**形态特征** 子实体小。菌盖扇形或肾形，直径 0.8～4cm，质韧，白色至灰白色，上有绒毛或粗毛，具多数裂瓣，菌肉白色，薄。菌褶从基部辐射而出，窄，白色或灰白色，有时淡粉紫色，褶沿边缘纵裂而反卷，干时向两侧反卷。菌柄短或无。

**生理习性** 木腐菌，使木质部产生白色腐朽。春至秋季群生于针叶树和阔叶树的枯枝及腐木上。

# 干小皮伞

*Marasmius siccus*

**形态特征** 子实体微小。菌盖扁半球形、近球形、凸镜形至近平展，中央下凹，有脐突，直径1～2cm，深肉桂色、琥珀色或褐黄色，中部色深，膜质，薄，韧，干，光滑，具通至中部和边缘的长沟纹。菌肉白色，极薄。菌褶弯生至近离生，污白色，较稀，有或无小菌褶，边缘带盖色。菌柄细长圆柱形，长3～5cm，粗0.1～0.2cm，角质，光滑，顶部白色至白黄色，向下渐成烟褐色至黑色，基部有白色至黄白色的菌丝体。

**生理习性** 夏、秋季单生或群生于阔叶林中落叶上。

# 盔盖小菇

*Mycena galericulata*

**形态特征** 子实体小。菌盖幼时钟形或呈盔帽形，成熟后逐渐平展，边缘稍伸展，直径 2～4.5cm，灰黄色至浅灰褐色或铅灰色，中部色深，边缘近白色，表面稍干燥，半透明状，具沟纹或明显褶皱，边缘稍开裂。菌肉白色至污白色，较薄。菌褶直生至弯生，幼时稍延生，初期污白色，后浅灰黄至带粉肉色，较宽，密，不等长，褶间有横脉，褶缘平滑或钝锯齿状。菌柄细长圆柱形或扁平，常弯曲，长 4～9cm，粗 0.2～0.5cm，幼时深灰色，成熟后变污白色至灰白色，光滑，脆骨质，中空，基部具白色绒毛状菌丝体。

**生理习性** 夏、秋季散生或群生于针叶林或阔叶林中倒伏的腐木、伐木桩或腐枝、落叶上。

# 黄盖鹅膏白色变种

*Amanita subjunquillea*

**形态特征** 子实体中等大。菌盖初期扁半球形，成熟时扁平，中央稍凸起，直径4～8cm，白色至米色，表面平滑，边缘无条纹。菌肉白色至污白色，中部稍厚。菌褶离生、白色或浅乳白色，稍密。菌环白色，膜质，生于菌柄上部。菌柄近圆柱形，基部膨大至近球形，长5～11cm，粗0.5～1.5cm，白色，近平滑或有平伏到反卷的小鳞片，内部松软至中空。菌托苞状，白色，稍厚，较大。

**生理习性** 夏、秋季单生或散生于针阔混交林中地上。

# 柳生光柄菇

*Pluteus salicinus*

**形态特征** 子实体小至中等大。菌盖初期半球形至扁半球形，后期平展，中部凸起，直径 2～6.8cm，粗糙，灰色或灰褐色，常有细条纹。菌肉白色，污白色。菌褶离生，白色至淡红粉色，较密，宽，不等长。菌柄圆柱形，长 5～9.5cm，粗 0.2～0.4cm，与菌盖同色或色较浅。

**生理习性** 夏、秋季大量群生或散生于阔叶林中枯木、倒伏的腐木或伐木桩上。

# 巴氏蘑菇

*Agaricus blazei*

**形态特征** 子实体中等大，菌盖初半球形，成熟后馒头形至平展，顶部平，直径4.5～10.5cm，表面有淡黄褐色至栗褐色的纤维状鳞片，边缘有菌幕的碎片，成熟向内卷。菌肉白色，受伤后变微橙黄色，菌盖中心厚，边缘薄。菌褶离生，初白色，后变肉色至黑褐色，密。菌环初白色，后微褐色，大，膜质，生于菌柄上部，下面有淡褐色绵屑状的附属物，易脱落。菌柄圆柱形，基部膨大，长5～14cm，粗1～2.5cm，表面近白色，手摸后变为近黄色，内实，菌环以下初具粉状至绵屑状小鳞片。

**生理习性** 夏、秋季散生或群生于林下有畜粪的草地上。

# 短柄蘑菇

*Agaricus ingratus*

**形态特征** 子实体小至中等大。菌盖初半球形，后渐平展，中部凸起，直径3～7cm，白色，具褐色丛毛状鳞片，边缘具条纹，有时纵裂。菌肉白色。菌褶离生，红褐色到黑褐色，中等密，不等长。菌环白色，膜质，单层，宽大，生于菌柄上部，易消失。菌柄近梭形，长4～5cm，粗1.5～2.5cm，白色，内部松软。

**生理习性** 夏、秋季单生或散生于针叶林中地上。

# 草地蘑菇

*Agaricus pratensis*

**形态特征** 子实中等或较大。菌盖初期半球形，后期渐伸展，直径 4～9.5cm，白色、灰白色至淡粉灰色，具平伏小鳞片，有时中部龟裂。菌肉白色，稍厚。菌褶离生，初期灰白色，后期暗褐色至紫褐色，稍密，不等长。菌环单层，白色，膜质，较厚，生于菌柄中部，易脱落。菌柄圆柱形，基部稍膨大，长 4～9.5cm，粗 1～1.5cm，同盖色，受伤处变暗粉红色，光滑，内实。有菌环。

**生理习性** 夏、秋季单生或群生于针阔混交林中草地上。

# 粗鳞大环柄菇

*Chlorophyllum rhacodes*

**形态特征** 子实体中等大。菌盖初球形，后期钟形至扁平形，最后平展，直径7～11cm，初表皮锈褐色，伸展后中部锈褐色，边缘渐变为白色，具较大脱落的锈褐色鳞片，干后有时上翘。菌肉白色，受伤后变淡红色。菌褶离生，白色或略带淡红色，稍密，宽，不等长。菌环白色，双层，厚，生于菌柄上部，后期分离，能上下移动。菌柄圆柱形，基部膨大，长7～14.5cm，粗0.8～2cm，白色，受伤后变淡红色，光滑。有菌环。

**生理习性** 夏、秋季单生或散生于针叶林或针阔混交林中地上。

# 丝绸白环蘑

*Leucoagaricus serenus*

**形态特征** 子实体小。菌盖幼时卵球形至鼓棒状，后变凸镜形，成熟后近平展，直径0.8～4cm，纯白色，中部具淡黄色的钝脐突，边缘有明显的辐射状细棱纹。菌肉白色，极薄，受伤后不变色。菌褶离生，纯白色，干后变近白色至奶油色，稍稀，不等长。菌环白色，膜质，生于菌柄中上部，不易脱落。菌柄近圆柱形，向下渐粗，长3～4.5cm，粗0.1～0.4cm，白色，略带淡黄色，近光滑，脆质，中空。

**生理习性** 夏、秋季单生至群生于阔叶林中地上。

# 林生鬼伞

*Coprinellus silvaticus*

**形态特征** 子实体较小。菌盖初期球形至卵圆，后呈钟形至稍开展，直径1～3cm，淡黄褐色，顶部赭黄色，近盖顶具长条棱。菌肉白色，薄。菌褶弯生至离生，浅灰黄色至褐黑色，密，窄，不等长。菌柄圆柱形，长4～8cm，粗0.3～0.5cm，白色至浅黄褐色，质脆，中空。

**生理习性** 夏、秋季丛生或簇生于林中树桩或倒伏的枯腐木上。

# 墨汁鬼伞

*Coprinopsis atramentaria*

**形态特征** 子实体群生。菌盖直径 4cm 或更大，初期卵形至种形，开伞时一般开始液化成墨汁状液汁，未开伞前顶部钝圆，有灰褐色鳞片，边缘灰白色具有条沟棱，似花瓣状。菌肉初期白色，后变灰白色。菌褶很密，离生，不等长，开始灰白色至灰粉色，最后成液汁。菌柄污白，长 5～15cm，粗 1～2.2cm，向下渐粗，菌环以下又渐细，表面光滑，内部空心。

**生理习性** 春至秋季生于林中、田野、路旁、树桩、公园等地下有腐木的地方。

# 毛头鬼伞

*Coprinus comatus*

**形态特征** 担子果具中生柄，通常多个群生，新鲜时肉质，无嗅无味，干后碎质；菌盖幼时圆柱形、长卵形，成熟时钟形，直径可达6cm，中部厚可达15mm；菌盖表面新鲜时灰白色至浅褐色，被灰白色鳞片；鳞片平伏或反卷；菌盖表面干后变为灰色至浅黄褐色，具沟纹，粗糙；边缘波状，常开裂；菌褶表面新鲜时灰色、灰黑色，子实体开伞后菌褶融化为墨汁状液体，干后变为黑色；菌褶密，不等长，脆质或变为粉末状；菌肉新鲜时白色，肉质，无环带，干后软木栓质，厚可达4mm；菌柄圆柱形，纤维质，长可达20cm，直径可达20mm，下部具一灰白色菌环。

**生理习性** 春至秋季，生于阔叶林中的草地、田野、林缘、道旁、公园等处，甚至雨季在茅草屋顶上，单生或群生。

# 球盖柄笼头菌

*Simblus sphaerocephalum*

**形态特征**　子实体中等大。菌蕾幼时圆形至卵形，直径 2～2.5cm，基部有白色根状菌索，成熟后外菌幕破裂形成菌托，内部伸出孢托，总高 8～13cm。孢托头部近球形，橙红色至深红色，窗格状，约 10～12 个格，格径 0.4～1cm，格内生有红褐色的黏液，具有强烈的粪臭味，格缘具尖锐的脊，侧面褶皱。菌柄顶端开裂，缩小，基部稍尖，长 4～12cm，直径 0.8～3cm，粉红色至黄白色带粉红色，壁呈海绵状，中空。菌托白色，不规则开裂。

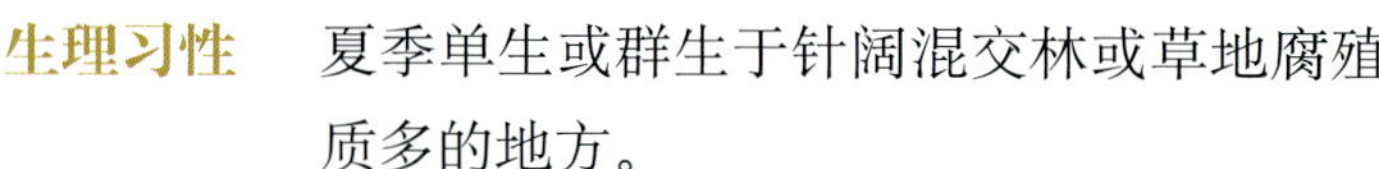

**生理习性**　夏季单生或群生于针阔混交林或草地腐殖质多的地方。

# 尖顶地星

*Geastrum triplex*

**形态特征** 子实体较小，初期扁球形，外包被基部浅袋形，上半部分裂为5～8瓣，裂片反卷，外表光滑，蛋壳色，内层肉质，干后变薄，栗褐色，往往中部分离并部分脱落，仅保留基部。内包被无柄，球形，粉灰色至烟灰色，直径1.7～3cm，嘴部显著，宽圆锥形。

**生理习性** 夏秋两季雨后，生于林中地上。

马勃目 马勃科

# 大秃马勃

*Calvatia gigantea*

**形态特征** 子实体特大，球形至近球形，直径 13～24cm 或更大，基部无或很小，由粗菌索与地面相连。包被初为白色，后变污白色至浅黄色，初微具绒毛，后变光滑，薄，脆，成熟后开裂呈不规则地块状脱落，由膜状外包被和较厚内包被组成，露出浅青色和褐色的孢体。孢丝长，稍分枝，具横隔但稀少，浅橄榄色。

**生理习性** 夏、秋季单生或群生于林中空地、草地和榆树林中地上。

# 隆纹黑蛋巢菌

*Cyathus striatus*

**形态特征** 子实体小。包被杯状，高0.7～1.5cm，宽0.6～0.8cm，由栗色的菌丝垫固定于基物上，外面有粗毛，初期棕黄色，后期色渐深，褶纹常不清楚，毛脱落后上部纵褶明显。内表灰色至褐色，无毛，具明显纵纹。小包扁圆，直径1.5～2mm，固定于杯中，黑色，其表面有一层淡色而薄的外膜。

**生理习性** 夏秋季于落叶林中朽木或腐殖质多的地上或苔藓间群生。

# 参考文献


彩万志，李虎．中国昆虫图鉴 [M]. 太原：山西科学技术出版社，2015.

蔡宝军．北京主要造林树种 [M]. 北京：中国林业出版社，2015.

陈少波，黄勤清，曹木章，等．红基盘瓢虫和红星盘瓢虫实验种群生命表的初步研究 [J]. 华北昆虫学报，1995，4(1):39-46.

陈少波，黄勤清，林毓鉴，等．红星盘瓢虫生物学和捕食作用的研究 [J]. 江西农业大学学报，1994，16(3):257-264.

崔建新，曹亮明，李卫海．天敌昆虫图鉴（一）[M]. 北京：中国农业科学技术出版社，2018.

杜连海，史宏亮，吴记贵，等．北京松山自然保护区昆虫图谱 [M]. 杨凌：西北农林科技大学出版社，2015.

多米尼克·卡曾斯．鸟类行为图鉴 [M]. 长沙：湖南科学技术出版社，2020.

范德友．棉大卷叶螟在黄秋葵上的发生与防治 [J]. 福建农业科技，2012，5:42-43.

方丽，李占鹏，荣生道，等．红云翅斑螟生物学特性观察 [J]. 森林病虫通讯，1999，2:20-21.

费梁等，中国两栖动物图鉴 [M]. 郑州，河南科学技术出版社，2000。P.138~140.

冯照军，姚瑞琴，陈金，等．广腹螳和中华大刀螳卵块孵化的比较研究 [J]. 昆虫知识，2001，38(5):358-360.

高鹏飞．辽西地区旱柳原野螟生物学特性观察 [J]. 吉林农业，2012，1:50.

高慰曾．白薯天蛾的复眼结构及形态特征 [J]. 昆虫学报，1986，29(3):267-273.

铬球，薛万琦，等．两种入侵广州的丽蝇——宽额丽蝇与红头丽蝇 [J]. 环境昆虫学报，2009，31(4):392-394.

关玲，刘寰，陶万强，等．北京地区黄栌胫跳甲生物学特性研究 [J]. 中国森林病虫，2013，32(4):9-12.

关玲，陶万强．北京林业有害生物名录 [M]. 哈尔滨：东北林业大学出版社，2010.

关玲，朱绍文．北京林业有害生物普查名录 [M]. 哈尔滨：东北林业大学出版社，2018.

关玲，朱绍文．北京市林业有害生物普查图册 [M]. 哈尔滨：东北林业大学出版社，2018.

郭树云，张宝增，米莹，等．柳蜷叶蜂生物学特性及防治技术研究 [J]. 中国森林病虫，2012，31(3):14-16.

韩国生，刘仁军，马喜英．杨树病虫害识别与防治生态原色图鉴 [M]. 沈阳：辽宁科学技术出版社，2018.

韩亚辰，刘福坤．松大蚜虫形态特征及防治效果试验 [J]. 现代农村科技，2021，9:52.

韩永植．昆虫识别图鉴 [M]. 郑州：河南科学技术出版社，2013.

何俊华，陈学新．中国林木害虫天敌昆虫 [M]. 北京：中国林业出版社，2006.

何玲．北京志·农业卷·林业志 / 北京市地方志编纂委员会编著 [M]. 北京：北京出版社，2003.

贺风春，任全进，郑占锋，等．500 种常见园林植物识别图鉴：彩图典藏版 [M]. 北京：中国农业出版社，2020.

贺士元，邢其华，尹祖堂，等．北京植物志（修订版）[M]. 北京：北京出版社，1992.

胡淑琴，赵尔宓，等 .1987. 中国动物图谱：两栖类 - 爬行类 [M]. 北京：科学出版社 ,1-110.

黄可训．苹果卷叶蛾类的鉴别 [J]. 昆虫学报，1974，17(1):29-42.

黄年来．中国大型真菌原色图鉴 [M]. 北京：中国农业出版社，1998.

江珊．野花家族 [M]. 北京：化学工业出版社，2015.

李广文，王菊平，岳建英，等．关帝山林区的天蛾种类 [J]. 山西农业科学，2014，42(8):884-886，899.

李敏，席丽，朱卫兵，等．基于 DNA 条形码的中国普缘蝽属分类研究 [J]. 昆虫分类学报，2010，32(1):36-42.

李晓华，高蓓．松大蚜生物学特性及其防治技术 [J]. 陕西林业科技，2005，(4):35-36.

李拥军，律江．共青林场场志 / 北京市共青林场场志编委会编制 [M].1962-2020.

林萍．观赏花卉①草本 [M]. 北京：中国林业出版社，2006.

刘海清．旱柳原野螟生物学特性研究初报 [J]. 植物保护，2005，31(6):65-66.

律江，孙孟彬，张雪．北京市林业有害生物普查重点项目：共青林场组成果汇编 [M]. 哈尔滨：东北林业大学出版社，2018.

马克平，刘冰．中国常见植物野外识别手册·山东册 [M]. 北京：高等教育出版社，2009.

马克平．中国常见植物野外识别手册 [M]. 北京：商务印书馆，2018.

马维斌，帕提古丽，陈德来，等．瘦银锭夜蛾在兰州地区的分布及其生物学特征 [J]. 甘肃科学学报，2011，23(2):38-41.

穆希凤，孙静双，卢文锋，等．北京地区刺槐叶瘿蚊生物学特性及防治 [J]. 中国森林病虫，2010，29(5):15-18.

庞宇宏，庞震．黄脉天蛾的观察 [J]. 山西农业大学学报，1989，9(2):225-229.

齐硕．常见爬行动物野外识别手册 [M]. 重庆：重庆大学出版社，2019.

钱锐，有毒动物及其毒素——中毒的防治和毒素的应用 [M]. 昆明：云南科技出版社，1996.

钱周兴，李建钢，周卫川．芦苇琥珀螺的生物学特性及防治方法 [J]. 福建农业科技，2008，(5):61-62.

孙丰军．北京林业大学实验林场昆虫图谱 [M]. 北京：经济管理出版社，2019.

孙巧云，郃晓玲，徐龙娣．角斑古毒蛾生物学的初步观察 [J]. 江苏林业科技，1985，(1):30-31，40.

孙淑玲，陶万强，闫国增，等．北京市门头沟区金龟总科种类调查 [J]. 北京农学院学报，2007，22(2):71-75.

汪劲武．常见树木①北方 [M]. 北京：中国林业出版社，2007.

汪劲武．常见野花（第 2 版）[M]. 北京：中国林业出版社，2009.

汪劲武．常见野花 [M]. 北京：中国林业出版社，2004.

王辰．华北野花 [M]. 北京：中国林业出版社，2008.

王家双，董彦才，陈宝泉，等．红云翅斑螟生物学特性观察 [J]. 山东林业科技，1996，5:33-34.

王露雨，张志升．常见蜘蛛野外识别手册（第 2 版）[M]. 重庆：重庆大学出版社，2020.

王小军 . 应用 1.2% 苦参碱·烟碱乳油防治黄栌胫跳甲幼虫试验 [J]. 中国森林病虫，2014，33(4):38-39.
王小平，杜连海，陈峻崎，等 . 北京松山常见物种资源图谱 [M]. 北京 : 中国林业出版社，2013.
王小平，张志翔，甘敬，等 . 北京森林植物图谱 [M]. 北京 : 科学出版社，2008.
王小奇，王淼，吕成军，等 . 辽宁阜新地区发现玉米苗期新害虫——草小卷蛾 [J]. 植物保护，2013，39(4):179-182.
吴菡 . 豆荚野螟的形态鉴别及发生规律 [J]. 农技服务，2010，27(5):580-581.
吴建辉，杨金兰，任顺祥 . 红星盘瓢虫取食烟粉虱和桃蚜的生物学特性研究 [J]. 中国生物防治，2010，26(3):260-266.
邢长山 . 潮白河沙地杨树品种选择 [J]. 林业经济，2012.
徐公天，杨志华 . 中国园林害虫 [M]. 北京 : 中国林业出版社，2007.
徐晔春 . 观赏花卉② [M]. 北京 : 中国林业出版社，2006.
鄢建 . 中国外来入侵物种图鉴 [M]. 北京 : 中国农业科学技术出版社，2018.
闫国增，王合 . 北京山区林业有害生物 [M]. 哈尔滨 : 东北林业大学出版社，2014.
杨瑞生，武琳，徐艳玲，等 . 中华大刀螳生长回归模型的建立 [J]. 安徽农业科学，2006，34(16):3884，3888.
杨忠岐，乔秀荣，卜文俊，等 . 我国新发现一种重要外来入侵害虫——刺槐叶瘿蚊 [J]. 昆虫学报，2006，49(6):1050-1053.
杨忠岐，张永安 . 重大外来入侵害虫——美国白蛾生物防治技术研究 [J]. 昆虫知识，2007，44(4):465-471.
伊文博，王师君，刘子珍，等 . 白杜害虫钝肩普缘蝽的形态特征研究 [J]. 安徽农学通报，2022，28(11):96-98，136.
于晓南，王继兴，薛康，等 . 北京主要园林植物识别手册 [M]. 北京 : 中国林业出版社，2009.
虞国跃，王合 . 北京蚜虫生态图谱 [M]. 北京 : 科学出版社，2019.
虞国跃 . 北京蛾类图谱 [M]. 北京 : 科学出版社，2015.
虞国跃 . 北京访花昆虫图谱 [M]. 北京 : 电子工业出版社，2019.
张钢民，薛康，杜鹏志，等 . 北京常见森林植物识别手册 [M]. 北京 : 中国林业出版社，2011.
张浩淼 . 常见蜻蜓野外识别手册 [M]. 重庆 : 重庆大学出版社，2020.
张天麟 . 园林树木 1600 种 [M]. 北京 : 中国建筑工业出版社，2010.
张永安，章尧想 . 北京九龙山常见昆虫图谱 [M]. 郑州 : 河南科学技术出版社，2021.
张永安 . 北京九龙山大型真菌图谱 [M]. 北京 : 中国林业出版社，2020.
赵家荣，刘艳玲，徐立铭，等 . 水生植物 187 种 [M]. 沈阳 : 辽宁科学技术出版社，2007.
赵仁贵，陈日曌 . 白星花金龟生活习性观察 [J]. 中国植保导刊，2008，6:19.
赵欣如，朱雷 . 北京鸟类图谱 [M]. 北京 : 中国林业出版社，2021.
赵欣如 . 北京鸟类图鉴 [M]. 2 版 . 北京 : 北京师范大学出版社，2014.
郑国，李枢强 . 森林冠层节肢动物 [M]. 北京 : 科学出版社，2015.
朱绍文，蔡永茂，赵广亮 . 八达岭国家森林公园常见植物图谱 [M]. 北京 : 中国林业出版社，2014.
朱绍文，潘彦平，蔡春轶 . 北京汉石桥湿地植物病害与菌物图册 [M]. 北京 : 科学出版社，2018.

# 中文名称索引

E



F



G



H

# 学名索引

## A



## B

C



D

N



O



P